乡村振兴

农民培训精品系列教材

高素质农民
"耕读教育"手册

王艳云　杨文玲　宋文熙　高雪峰　刘德勇◎主编

中国农业科学技术出版社

图书在版编目(CIP)数据

高素质农民"耕读教育"手册/王艳云等主编. --北京：中国农业科学技术出版社，2024.3
ISBN 978-7-5116-6733-5

Ⅰ.①高…　Ⅱ.①王　Ⅲ.①乡村教育-职业教育-中国-手册　Ⅳ.①G725-62

中国国家版本馆 CIP 数据核字(2024)第 060329 号

责任编辑	张诗瑶
责任校对	李向荣
责任印制	姜义伟　王思文

出 版 者　中国农业科学技术出版社
　　　　　北京市中关村南大街 12 号　　邮编：100081
电　　话　(010) 82106625 (编辑室)　　(010) 82106624 (发行部)
　　　　　(010) 82109709 (读者服务部)
网　　址　https://castp.caas.cn
经 销 者　各地新华书店
印 刷 者　北京富泰印刷有限责任公司
开　　本　145 mm×210 mm　1/32
印　　张　5
字　　数　159 千字
版　　次　2024 年 3 月第 1 版　2024 年 3 月第 1 次印刷
定　　价　39.80 元

《高素质农民"耕读教育"手册》
编写人员

主　编　王艳云　杨文玲　宋文熙　高雪峰
　　　　刘德勇

副主编　李金山　龚志龙　高兴兰　乔翠平
　　　　刘　峰　苏建萍　刘　欢　华东升
　　　　郭晚心　姑丽巴哈尔·买买提
　　　　王建斌　张艳丽　席锦锦　姚海伦
　　　　王　韬　章功勤　刘晓玲　阿依努尔·毛拉麦提
　　　　古丽拜克热木·麦麦提　　方永红
　　　　云小辉　金广华　陈　旭　付　晋
　　　　高素青　李二伟　魏　浩　陈宜雪

参　编　程　霞　程小平　廖显利　吴庆华
　　　　任　民　王　磊

前　言

实施乡村振兴战略，是党的十九大作出的重大决策部署，是决胜全面建成小康社会、全面建设社会主义现代化国家的重大历史任务，是新时代做好"三农"工作的总抓手，在我国"三农"发展进程中具有划时代的重大意义。

农民是"三农"重要的组成部分，是农村的有生力量。实施乡村振兴战略关系到农村实现高质量发展的新阶段。乡村振兴的实现离不开高素质的农民，需要打造高素质的农民队伍。因此，在广大的农村地区，应该积极地加强农民教育培训，在培养农村人才方面不断发力，打造出适合当地发展的高素质农民队伍，助力乡村振兴战略的实施。

本书共8章，内容包括乡村振兴战略之高素质农民培养、乡村振兴发展经验与启示、乡村振兴战略与农民教育、乡村振兴战略中农民人才振兴、新时代农民教育的总体思路、新时代农民教育的具体路径、新时代农民的科学素养培养和新时代农民的信息素养培养等。

本书涵盖了乡村振兴战略与农村教育、乡村振兴中"三农"的关系、乡村振兴战略下农村教育的发展与推进、农村职业教育现代化、乡村振兴战略下职业农民培育等方面的内容，本书理论结合实践，对农村职业教育的从业者和职业农民具有一定的学习和参考价值。

由于编者水平有限，加之时间仓促，书中错漏之处在所难免，恳请广大读者和同行不吝指正。

编　者
2024 年 3 月

目　录

第一章　乡村振兴战略之高素质农民培养

第一节　乡村振兴战略的基础理论

党的十九大报告首次提出实施乡村振兴战略，这是习近平新时代中国特色社会主义思想在"三农"领域的集中体现，是中国共产党创造性地运用和发展马克思主义的重要成果。马克思主义揭示了人类社会发展的基本规律和发展趋势，它作为科学的世界观与方法论，是实施乡村振兴战略的根本思想指南，为实施乡村振兴战略提供理论基础。实施乡村振兴战略是对马克思主义城乡关系理论、社会有机体理论、政党与国家理论、人的全面发展理论的继承和发展。中国共产党坚持以马克思主义为指导，顺应新时代潮流，丰富和发展马克思主义，全力实施乡村振兴战略，推动社会全面发展和人的全面发展。

一、城乡关系理论与推进城乡融合发展

马克思、恩格斯系统阐述了城乡关系理论，他们揭示了社会生产力的发展是导致城乡分离和对立的主要原因。"资产阶级使农村屈服于城市的统治。它创立了巨大的城市，使城市人口比农村人口大大增加起来，因而使很大一部分居民脱离了农村生活的愚昧状态。"马克思主义城乡关系理论还认为，在世界范围内资产阶级使农民的民族从属于资产阶级的民族，资本主义生产方式使得城乡对立进一步强化。他们提出，实现城乡融合需要高度发达的社会生产力条件，大工业在全国尽可能平衡地分布是消灭城市和乡村分离的条件，只有以大工业为代表的生产力高度发展，才能逐步消除城乡二元结构、实现城乡融合发展。他们在论述变革社会生产方式、建立共产主义社会的重要手段时提出，把农业和工业结合起来，促使城乡对立逐步消灭。这主要是通过把人口更平均地分布于全国的办法逐步消灭城乡差别。随着工

农业发展提高到一定水平，乡村农业人口分散和大城市工业人口集中的状况会得到改善。他们还论述了城乡经济关系的演进是一个自然历史过程，在不同的城乡发展阶段，城市与农村发挥着不同的作用，而消灭城乡对立、实现城乡融合是社会发展的必然趋势，是未来共产主义社会的重要标志，但达到这种状态需要具备多方面的条件。他们同时强调，城乡融合绝非要毁灭城市这种物质实体，融合也并非要实现城乡无差别的统一，而是在"扬弃"的基础上实现城乡更高级的融合，城乡对立是社会发展的产物，具有历史性和时代性，城乡融合水平不断提高、形成城乡命运共同体是历史发展的必然趋势。

城乡关系理论对当代中国实施乡村振兴战略具有重要指导意义。走中国特色社会主义乡村振兴道路，必须重塑城乡关系，走城乡融合发展之路，走工业化道路，大力发展社会生产力，稳步推进城镇化。要充分认识城乡之间不可分割的内在联系和整体关系，认识城乡融合发展给农业农村带来的深层次变革，将乡村发展全面融入城镇化进程，更加自觉地推动城乡融合和共同发展。此外，要充分认识只有实现乡村与城市发展的有机结合，才能更好地实现城镇化，使人民获得更多的获得感和满足感。改革开放以来，中国社会逐步从农业社会转型到工业社会，延续已久的农耕文明受到巨大冲击，大量农村人口逐步转移到城市，大量农村资源向城市流动，农村出现边缘化、空心化的状况。中国经济社会快速发展的同时，城市与农村的发展水平客观上存在明显的不平衡，城市与农村在基础设施建设、资源配置比重、预期发展潜力等方面还存在明显差距。工业化与城镇化是我国现代化进程中不可缺少的重要环节。

新型城镇化是解决"三农"问题、实现乡村振兴战略的必由之路，是全面建成小康社会、实现中华民族伟大复兴中国梦的必然选择。农村经济和城市经济是相互联系、相互依赖、相互补充、相互促进的。农村发展离不开城市的辐射和带动，城市发展也离不开农村的促进和支持。城乡二元化是中国社会的薄弱点，当前发展最不平衡的是城乡发展，发展最不充分的是乡村发展，城乡融合协调发展是社会主义现代化建设的重要方面，没有新型城镇化创造条件、辐射带动，农业现代化就难以推进。没有农业现代化提供农产品等保障，新型城镇化也难以持续。工业化、城镇化对农业农村发展具有辐射带动作用，可以促进农业农村现代化，从根本上解决城乡差距过大等重大结构性问题。

从现阶段发展情况看，我国已经具备了解决"三农"问题的基本条件，同时我国正处于工业化中后期发展阶段，着力推动乡村振兴正逢其时。我国要消灭事实上存在的城乡差异和矛盾对立，实现城乡一体化，通过新型城镇化方式推动也已证明是符合中国国情的有效途径，着重"推动城镇基础设施向农村延伸，城镇公共服务向农村覆盖，城镇现代文明向农村辐射，推动人才下乡、资金下乡、技术下乡，推动农村人口有序流动产业有序集聚，形成城乡互动、良性循环的发展机制"。应该认识到，乡村振兴和城镇化之间其实并非对立、矛盾的关系，既要有发达的城市，也要有兴盛的乡村。要改变我国城乡二元经济结构现状，乡村振兴和城镇化要同步推进。当前我国常住人口城镇化率与发达国家城镇化率相比仍有较大差距，我国的城镇化还有很长的路要走。世界上许多国家的经验、教训都表明，城镇化和乡村发展是不可分割的两个方面，两者相辅相成、相互促进，不可能完全通过城市发展来解决农村全部问题，而是要着重通过新型城镇化，在城乡融合互动中带动农业农村发展。

二、马克思主义社会有机体理论与促进农村全面发展

马克思、恩格斯所揭示的社会有机体结构是一个由生产力、生产关系、经济基础、上层建筑、自然环境、人等要素构成的系统整体。马克思在1859年《〈政治经济学批判〉序言》中对社会存在和社会意识，以及社会经济结构、社会政治结构、文化结构的内在关系做出了经典论述。"人们在自己生活的社会关系中发生的一定的、必然的、不以他们的意志为转移的关系，即同他们物质生产力一定发展阶段相适合的生产关系。这些生产关系的总和构成社会的经济结构，即社会的现实基础，有法律的和政治的上层建筑竖立其上，并有一定的社会意识形式与之相适应。物质生活的生产方式制约着整个社会生活、政治生活和精神生活的过程。"生产力和生产关系、经济基础和上层建筑的相互作用构成社会的基本矛盾运动，这一矛盾运动决定着社会的

产生、发展和更替，深刻揭示了社会经济结构、社会政治结构、社会文化结构，是构成社会形态的基本结构。马克思、恩格斯强调物质生产在社会发展中的基础性作用，物质生活资料生产是人生存和发展的必要前提，人类的一切活动都是建立在相应的物质生活之上的。同时，社会精神生产、社会政治活动对社会物质生产和社会生产力的发展具有能动的反作用。

马克思主义社会有机体理论要求实施乡村振兴战略，改变农村社会的现状，必须注重推动农村社会的全面发展。乡村振兴是全面性、系统性的发展和振兴，乡村振兴战略的内容要求涵盖农业农村发展的方方面面。不能只讲农业现代化，只注意社会生产的发展，而忽视农村现代化及农村社会中其他方面的发展。乡村振兴不仅是农村经济的振兴，而且包含农村的社会、政治、文化、教育、生态环境等各个方面的振兴。实施乡村振兴战略，要协调推进农村经济建设、政治建设、文化建设、社会建设、生态文明建设和党的建设，促进乡村全面发展。2020年3月，习近平总书记在浙江考察调研时强调，要在推动乡村全面振兴上下更大功夫，推动乡村经济、乡村法治、乡村文化、乡村治理、乡村生态、乡村党建全面强起来，让乡亲们的生活芝麻开花节节高。习近平总书记的讲话就是突出了乡村振兴必须促进乡村全面加强、全面发展。乡村社会是一个由多种要素组成的整体，实施乡村振兴战略要做到各个方面的协调发展、共同发展。其中，生产力发展对社会发展具有决定性作用，解放和发展社会生产力，是社会主义的本质要求。要激发全社会创造力和发展活力，努力实现更高质量、更有效率、更加公平、更可持续的发展。要推进农村物质文明建设，大力发展农村产业，构建现代农业产业体系、生产体系、经营体系，运用现代科学技术加快推进农业现代化，培育新型农业经营主体，解放和发展农村社会生产力。精神文明是社会进步的重要动力，当代中国的发展，只有物质文明建设和精神文明建设都搞好，国家物质力量和精神力量都增强，全国各族人民物质生活和精神生活都改善，中国特色社会主义事业才能顺利向前推进。我们要建设的社会主义国家，不但要有高度的物质文明，而且要有高度的精神文明，两个文明都搞好，才是有中国特色的社会主义。乡村振兴在发展经济的同时要建设好精神文明，大力发展先进文化，发挥乡村特色文化优势，提升农民文化素质水平，充分借鉴国内外乡村文明的优秀成果，实现乡村传统文化与现代文明的融合。同时，乡村振兴要改善农村人居环境，塑造美丽乡村新风貌，使农村生态文明成为亮点，形成人与自然和谐共生发展的新格局；充分发挥农村基层党组织和党员干部的引领作用，引导农民广泛参与基层民主建设，构建现代乡村治理体系，推进乡村治理体系和治理能力现代化；推进农村社会建设，着重解决民生问题，做好社会保障，完善社会治安，保证农民安居乐业。

三、马克思主义人学理论与促进农民全面发展

马克思、恩格斯的人学理论包括人的本质理论、人的解放理论、人的全面发展理论等内容。人的解放和发展以实现人的自由全面发展为目的，以人的需要、人的利益、人的发展为原则，促进人本质的解放和发展。他们认为，人的本质在其现实性上是一切社会关系的总和，而社会关系是多方面的，包括经济关系、政治关系、思想关系等，因此，只有从社会关系的各个方面入手，才能真正实现人的本质。马克思、恩格斯在《德意志意识形态》中从"现实的个人"出发，阐述了劳动人民创造历史的"人民主体性"思想，指出了共产主义革命是实现"人民主体性"全面发展的必要手段，这是人的本质发展的重要途径。他们考察了各个时期城乡关系演变和人的发展的关系，揭示了城乡分离与对立严重阻碍人的发展。他们设想在未来社会城市和乡村之间的对立将随着城乡融合程度、乡村发展水平的提高而逐渐消失，先进社会将在彻底消除城乡分工的基础上，实现劳动者自主与全社会范围的生产资料直接结合，从事农业和工业的将是同一些人而不再是两个不同的阶级，未来人们将在这种融合中获得解放，实现全面发展。

马克思主义关于人的本质理论和人的全面发展理论启示我们，实施乡村振兴战略不仅要实现经济社会的发展目标，更要实现人的发展目标，必须考虑到影响人的发展的因素，最大限度地解放人自身，为人的全面发展创造充分的条件和基础。要在继续推动发展的基础上，着力解决好发展不平衡不充分问题，大力提升发展质量和效益，更好

满足人民在经济、政治、文化、社会、生态等方面日益增长的需要，更好地推动人的全面发展和社会的全面进步。要继承和发展马克思主义人学理论，处理好农业全面升级、农村全面进步和农民全面发展的内在关系，为全体农民创造自由、全面发展的前提和条件，实现个人与社会的良性互动。2013年12月在中央农村工作会议上习近平总书记提出，核心是要解决人的问题，通过富裕农民、提高农民、扶持农民，让农业经营有效益，让农业成为有奔头的产业，让农民成为体面的职业，让农村成为安居乐业的美丽家园。这指明了通过实施乡村振兴战略促进农民全面发展的重要内容。实施乡村振兴战略，要坚持以人为本，以人民为中心，以促进农民全面发展为目标。农业农村现代化，既包括物的现代化，也包括人的现代化。要充分尊重人的本质发展要求，尊重农民的主体性特征，实现农民的主体性价值，不断为农民作为社会主体的价值和本质的实现、推进农民全面发展创造有利条件。目前要最大限度地为农村社会人的本质发展、人的全面发展创设理想的社会环境。要通过改革和完善农村社会关系，建立和健全农村社会制度，促进农村社会生产力的发展，为人的全面发展奠定坚实的物质基础；尊重农民自由权利，释放和发挥农民的主体精神，促进人与社会的良性互动，为人的全面发展铺垫政治基础；以社会主义核心价值观引领农村文化，全面提高农民科学文化素质，完善农民的价值观念、思维方式、行为方式，提升农民的文化享有能力和文化创新创造能力，为人的全面发展夯实文化基础。

四、马克思主义政党国家理论与发挥党和政府的作用

马克思、恩格斯阐明了无产阶级政党是无产阶级革命事业的领导者和组织者，坚持党的领导是无产阶级实现解放的首要条件。他们强调共产党具有阶级性和先进性，代表着无产阶级的根本利益和要求。共产党不是一般的无产阶级政治组织，而是无产阶级的先进政党，是无产阶级最先进的和最坚决的部分。"在实践方面，共产党人是各国工人政党中最坚决的、始终起推动作用的部分；在理论方面，他们胜过其余无产阶级群众的地方在于他们了解无产阶级运动的条件、进程和一般结果。"共产党人由无产阶级中的先进分子组成，掌握着丰富

的政治理论知识和思想文化，了解共产主义运动的条件、进程和一般结果，具有坚定的共产主义信念。同时，他们阐述了无产阶级政党坚持人民立场、全心全意为人民谋利益的基本特征。过去的一切运动都是少数人的，或者为少数人谋利益的运动。无产阶级的运动是绝大多数人的，为绝大多数人谋利益的独立的运动。无产阶级的无私性、人民性的特质决定了作为革命领导阶级的基本条件同时，马克思、恩格斯以历史唯物主义为基础，从社会上层建筑与经济基础的相互关系出发，提出了政府职能观，论证了国家和政治现象都是人类社会关系的产物，阐明了政府公共性理念和社会管理思想，批判了资本主义的国家机器和政治制度的公共性异化，强调政府管理具有人民性、公共性的价值趋向，拥有政治统治、社会管理的职能，政府必须履行社会公共职能实现社会公共利益的职责，包括管理并调节社会经济文化、公共服务、生态治理等职责。

中国共产党是中国特色社会主义的坚强领导核心，在推进中国特色社会主义事业进程、实施乡村振兴战略中，党和政府肩负着推动社会发展、维护和保障人民群众根本利益的职责，党和政府要适应时代要求，切实担负起自身的职责。党和政府要在实施乡村振兴战略过程中体现先进性，发挥各自职责，担负应有责任。乡村振兴，关键在党，实现乡村振兴战略要求农村基层党组织要发挥引领作用，基层党员干部发挥战斗堡垒和先锋模范作用，不断加强基层党组织建设，始终保持先进性。坚持和完善党对"三农"工作的领导，充分发挥决策参谋、统筹协调、政策指导、推动落实、督导检查等具体职能，确保"三农"各项工作落到实处。同时，实施乡村振兴战略要正确认识和履行社会主义国家的政府职能，正确处理市场决定性作用和政府主导作用的关系，充分发挥政府的主导作用，充分发挥政府在规划引导、法治保障、政策支持、制度建设等方面的积极作用。大力推进体制机制创新，强化乡村振兴制度性供给，探索以基础设施和公共服务为主要内容的城乡融合发展政策创新，确保农业农村的优先发展。做好顶层设计，强化规划引领，制定并落实好国家乡村振兴战略规划。构建城乡融合发展的体制机制和政策体系，完善农业支持保护政策。历史经验证明，什么时候农民有积极性，农业就快速发展；什么时候挫伤了农民的积极性，农业就停滞甚至萎缩。农民是乡村振兴战略的实施主体、受益主体、评价主体，党和政府要引导和组织农民广泛参与，坚持农民主体地位，充分尊重广大农民的意愿。各级党委和政府要深入宣传乡村振兴战略，组织动员农民群众投身于乡村振兴事业，以主人翁的姿态和身份广泛参与乡村振兴。

第二节　乡村振兴战略的时代特征

新时代处于新的历史方位，面对新的发展要求和社会环境，需要我们重新看待农业、农村和农民问题，做好"三农"工作需要有新思路、新策略。新时代的乡村振兴战略具有创新性、科学性、协同性等许多鲜明特征，对乡村发展的理念、思路进行全面创新，通过理性规划、系统治理科学有序推进，同时努力凝聚各社会主体的力量协同性地推动工作，使乡村振兴的运行机理更加符合客观规律，内外部环境更加优化，前进动力更加强劲。

一、创新性

实施乡村振兴战略是在以往乡村发展建设理论基础上的战略升级，从城乡统筹、城乡一体化发展到城乡融合，从农业优先发展转变为农业农村优先发展，从新农村建设、美丽乡村建设到乡村振兴。乡村振兴战略思想对新时代城乡关系进行科学定位，突破原有思路和举措的限制，将"三农"工作放到优先位置，首次提出农业农村现代化和乡村治理思想，强调农民的主体地位，注重构建乡村振兴规划体系、优化政策体系、发展动力体系等，全面体现了乡村振兴战略的时代创新性。

创新乡村发展理念。在体制机制改革上，乡村振兴战略确立城乡一体的发展理念，在新发展理念中发展以往新农村建设理论和实践，实现城乡统筹发展、协调发展、共享发展、包容发展，促进城乡互融和城乡共赢。党的十九大报告提出，建立健全城乡融合发展体制机制和政策体系。通过制度变革、结构优化、要素升级，实现新旧动能转换，在改革、转型、创新方面推动城乡地位平等、城乡要素互动、城乡空间共融。特别是在破解城乡二元结构、推进城乡要素平等交换和公共资源均衡配置上取得重大突破，给农村发展注入活力。在区域协调理念上，乡村振兴战略通过区域强优发展、特色发展、选择差异性发展，弘扬各自的独特优势，缩小区域性发展差距。重点是推进城乡基础设施共建共享、互联互通，逐步建立健全全民覆盖、普惠共享、城乡一体的基本公共服务体系。

创新乡村工作思路。在整体布局思路上，科学编制乡村振兴战略规划，从乡村布局、土地利用、基础设施、产业发展、人才开发等方面进行系统谋划，制定实施相应重大政策和方案。在产业发展思路上，乡村振兴战略创新性地提出构建现代农业产业体系、生产体系、经营体系，培育新型农业经营主体，健全农业社会化服务体系，实现小农户和现代农业发展有机衔接等新思路。围绕促进产业发展，引导和推动更多资本、技术、人才等要素向农业农村流动。把高质量发展作为主要导向，突出农业供给侧结构性改革主线，推进质量兴农、绿色兴农、品牌强农，全面提高产业的综合效益和竞争力。在农村社会发展思路上，乡村振兴战略注重加强农村社会治理，加强农村基层基础工作，健全自治、法治、德治相结合的乡村治理体系，培养造就懂农业、爱农村、爱农民的"三农"工作队伍，创新乡村发展动力。乡村振兴战略创新乡村发展动力机制，有效发挥各个社会主体的主观能动性，从全面创新驱动、根本利益驱动、精神文化驱动、改革创新等驱动方面推动乡村振兴战略，激活农村发展要素。一是经营制度创新方面，处理好农民与土地的关系，坚持和完善农村基本经营制度，强调新型经营主体和适度规模经营是农业转方式、调结构、走向现代化的引领力量，积极培育家庭农场、种养大户、合作社、农业企业等新型主体，推行土地入股、土地流转、土地托管、联耕联种等多种经营方式，提高农业适度规模经营水平。二是科技创新方面，发挥科技创新引领作用，优化提升农业生产力布局来有效推进农业结构调整，加快农业转型升级，促进互联网技术、智能化技术、物联网技术等现代技术与农业农村生产、生活、生态的密切融合，让农民积极参与现代科技的创新创造活动，发展智慧农业、数字农业、精细农业，享受现代科技成果，运用现代科技成果实现乡村振兴，从根本上解决中国粮食安全问题和产业发展质量问题，提高农业发展竞争力。三是根本利益驱动方面，在农村创新发展中通过体制机制鼓励各个社会主体参与乡村振兴事业，参与经济活动，获取应得利益，释放出改革红利、政策红利、生态红利、资本红利等，激发获益者参与热情。四是精神文化驱动方面，乡村振兴战略强调精神文化的支撑和动力作用，充分整合利用农村的传统文化、革命文化、红色文化，以乡土文化为根基建设农村先进文化，形成独特的创新乡土文化优势，大力弘扬和践行社会主义核心价值观，倡导新风尚、新风气，增强乡村文化软实力，使之成为乡村振兴的内在动力和重要保证。五是改革创新驱动方面，在农村上地制度、农村集体产权制度、新型农业经营主体培育等重点领域的改革创新方面取得新成效，在人才支持、金融服务、科技支撑等重要环节求得新突破，以改革破解发展瓶颈和现实难题。

二、科学性

实施乡村振兴战略是一篇大文章，要统筹谋划，科学推进。推进乡村振兴具有长远性和全局性，坚持规划先行，加快形成城乡融合、区域一体、多规合一的规划体系，强化乡村振兴战略的规划引领作用。以统筹观点搞好顶层设计，顺应社会发展规律，把握乡村发展的趋势，坚持战略性、前瞻性思维，统筹谋划乡村振兴项目布局，解决农业农村面临的问题，着力提高农业农村发展效益，实现乡村优质发展。

强化科学规划。乡村振兴是全方位、全领域的整体性振兴。首先是规划先行，设计系统的乡村振兴战略规划，充分考虑地区部门发展差异和不同情况，坚持一切从实际出发，根据实际条件和发展需要再重点有步骤地采取措施，解决突出问题和矛盾。乡村振兴涉及产业发展、生态保护政治建设、乡村治理、文化建设、人才培养、基层组织建设等诸多方面，只有这些方面都得到发展，乡村才能变得有活力、有潜力，乡村才能真正振兴。推动乡村振兴健康有序进行，要规划先行、精准施策。乡村振兴战略注重规划先行，应按照先规划后建设的原则，通盘考虑土地利用、产业发展、居民点布局、人居环境整治、生态保护和历史文化传承，编制多规合一的实用性村庄规划，明确总体思路、发展布局、目标任务、政策措施。强化规划引领作用，加快提升农村基础设施水平，推进城乡基本公共服务均等化，让农村成为农民安居乐业的美丽家园完善规划体制，把加强规划管理作为乡村振兴的基础性工作，实现规划管理全覆盖。解决规划上城乡脱节、重城市轻农村的问题，发挥集中力量办大事的社会主义制度优势，凝心聚力，统一思想，形成工作合力，合理引导社会共识，广泛调动各方面的积极性和创造性，规划安排产业、生态、人才、组织、文化等重要任务。党中央统揽全局，统筹谋划，对乡村振兴战略已经进行了周密部署，制定了长远规划，全国各地要按照党中央乡村振兴战略的总体部署相应做好规划工作，并加以实施，扎实推进。

强化系统治理。实施乡村振兴战略要树立系统思维，统筹安排，动员和组织乡村振兴参与主体，完善乡村振兴实施路径。强调乡村社会化治理的重要性，形成多元主体共同参与的合理的治理结构。党的十九大报告明确提出，要打造共建共治共享的社会治理格局，自治、法治、德治"三治"结合是加强乡村治理的思路创新。发挥文化治理作用，深入挖掘乡村优秀传统文化蕴含的思想观念、人文精神和道德规范的合理性内容，结合时代要求继承创新。提高农民的思想觉悟、道德水准、文明素养，通过文化治理促进乡风文明，改善乡村营商环境，促进乡村生产力发展。突出基层党组织在乡村治理中的引领作用，强化党支部在乡村振兴中的领导地位，加强乡村党组织建设，使基层党组织建设成为宣传党的主张、贯彻党的决定、领导基层治理、团结动员群众、推动改革发展的坚强战斗堡垒。

强化效益意识。乡村振兴战略在合理利用资源、配置资源问题上强化效益意识，充分发挥各种资源的作用，提高运行效益。注重保护乡村资源，提高资源要素的利用效率，确立市场在资源配置中的决定性作用。推动农业供给侧结构性改革，坚持质量兴农、绿色兴农，加快推进农业由增产导向转向提质导向，加快构建现代农业产业体系、生产体系、经营体系，提高农业综合效益和竞争力。推进农业农村现代化，坚持需求导向，将生产转变到数量质量效益并重、注重技术创新、注重可持续发展上来，走产出高效、资源节约、环境友好、安全有序的现代农业发展道路。走规模化和集约化之路，调整农业产业结构，进一步优化农业生产力布局，促进农业可持续发展，实施科技创新驱动，积极发展开放型农业。科学做好乡村集聚，推动相关乡村合并，集中进行居民点安排，增进乡村公共设施和公共服务的共享，提高基础设施和公共服务的利用效率。

三、协同性

实施乡村振兴战略涉及整个社会，在实施过程中需要党和政府及社会多方力量参与，不同主体之间互动共推。乡村振兴战略要围绕谁来协同治理、协同治理什么、如何协同治理等问题加以谋划，从治理主体培育、治理体系构建、治理方式创新等方面系统性地加以构建。当下乡村振兴战略的核心在于找到以农民为主体与利用外部资源的有机结合点。既要强调政府自上而下的政策支持和外部的资源支持，也要强调自下而上的文化自觉。乡村振兴的动力应该是内源性动力与外源性动力的统一。需要正确处理党的领导和人民主体的关系、市场功能和资本逻辑的关系等，汇聚各种力量形成强大合力。

发挥党的领导核心作用。实施乡村振兴战略，首先，应坚持和加强党的全面领导。习近平总书记强调，办好农村的事情，实现乡村振兴，关键在党。《中共中央　国务院关于实施乡村振兴战略的意见》明确提出，要坚持党管农村工作的基本原则，要毫不动摇地坚持和加强党对农村工作的领导。《中国共产党农村工作条例》指出，要坚持党对农村工作的全面领导，确保党在农村工作中总揽全局、协调各方，保证农村改革发展沿着正确的方向前进。中国共产党是引领乡村振兴的战斗堡垒，党在农村发展上起把方向、谋大局、定政策的作用，要抓实建强农村基层党组织，以提升组织力为重点，突出政治功能，持续加强农村党组织体系建设。

健全完善党委全面统一领导、政府负责、党委农村工作部门统筹协调的农村工作领导体制。建立实施乡村振兴战略领导责任制，实行中央统筹、省负总责、市县抓落实的农村工作领导体制，党委和政府一把手是第一责任人，五级书记抓乡村振兴。充分发挥好乡村党组织的作用，把乡村党组织建设好，把领导班子建设强。以党建为引领，完善乡村治理方式，汇聚起全党上下、社会各方的强大力量，这是实现乡村善治、实现中国特色社会主义乡村振兴道路的核心内容。

发挥各级政府的主导作用。政府在乡村振兴战略中起主导作用，目前乡村振兴中存在的发展不平衡不充分问题仍较突出，需要政府大力推进体制机制创新，强化乡村振兴制度性供给，探索以基础设施和公共服务为主要内容的城乡融合发展政策创新，加强政府政策的扶持力度，吸引更多的资本、技术、人才等资源流向农村。政府在产业发展政策、农业金融支持政策、贷款贴息扶持政策、科技创新推广政策、农村人才培育政策、基础设施补助政策等方面，引导农业农村转变发展方式。加大农业投入力度，保证农业财政支出，建立健全"三农"投入稳定增长机制，研究开辟新的融资渠道。发挥政府投入主体和主导作用，增加金融资金投放，发挥资本市场支持贫困地区发展的作用。在推动农业现代化方面，加快建立各级财政农业投入稳定增长机制，加强资金统筹整合、提高使用效率，确保财力集中用于农业现代化的关键环节，重点支持农业基础设施建设、结构调整、可持续发展、产粮大县和农民增收等。在扶持农民方面，强化政府对农业的支持保护，创造良好务农条件和环境。农业面对着自然灾害和市场波动的双重风险，要根据新形势、新情况，研究如何使农业支持和保护措施更有针对性、更加有实效。在农村人才培育方面，抓紧制定专门规划和切实可行的具体政策，加大农业职业教育和技术培训力度，把培养青年农民纳入国家实用人才培养计划，确保农业后继有人。政府还要出台产业政策，协调税收信贷支持，调动政府社会资源，打造有竞争力的市场经营主体，利用政府的公信力推动农产品区域品牌建设。政府还要积极探索适应农村实际的监管体系，为农村产业发展、农民开发创新、农村综合治理营造良好的环境。

发挥社会力量的参与作用。实施乡村振兴战略，鼓励社会各界投身乡村建设。社会参与的主要力量包括企事业单位、社会团体、民间组织与志愿者。社会参与的主要方式包括自主参与、合作参与、协同参与等。社会参与的主要内容包括创业参与、服务参与、援助参与、投资参与等。政府要对社会参与制定优惠政策、创造宽松环境，创新机制积极引导社会资本参与农村公益性基础设施建设，鼓励和引导工商资本到农村发展适合企业化经营的现代种养业，向农业输入现代生产要素和经营模式。鼓励承包经营权在公开市场上向专业大户、家庭农场、农民合作社、农业企业流转，发展多种形式规模经营。鼓励社会资本投向农村建设，允许企业和社会组织在农村兴办各类事业。社会力量参与乡村振兴拥有广阔的天地，这是乡村振兴的重要力量和关键。乡村要更多地引入社会资源等共同参与乡村振兴战略的实施。乡村振兴需要现代科技、高端智力的有力支持，高校与科研机构具有人才和技术的优势，应成为社会参与乡村振兴的重要力量。

发挥企业的产业引领作用。目前，区域龙头企业薄弱、市场经营主体缺位是农产品区域品牌建设的最大薄弱点，因此，应发挥领军企业在乡村振兴中的引领作用，做大做强地区龙头企业，形成优势特色产品产业集群。乡村振兴进程中应以有担当、有能力的领军企业为主干，吸收其他企业和社会力量，形成具备企业法人性质的农产品区域品牌强势市场经营主体。激励并引导龙头企业通过直接投资、参股经营等方式带动产业融合发展。要鼓励发展混合所有制农业产业化龙头企业，推动集群发展，密切与农户、农民合作社的利益联结关系。发挥投资农业的引领作用，鼓励和引导企业和工商资本投资农业，使其对农业投资起引领作用；发挥产业融合的引领作用，产业融合程度既取决于产业链相关主体利益机制的建构，又取决于产业链中核心主体的引领作用。重视企业在产业融合中的龙头带动作用，完善企业与农民之间的利益联结机制，带动小农经济发展，企业对小农的引领不仅体现在发展理念、技术应用、市场开拓这些方面，还应该体现在引领小农融入现代农业方面。对于已有产业基础良好的国有或集体制龙头企业，政府应主导并给予适当改造。对于实力和能力兼备的民营龙头企业，政府则应集中优势资源、全力以赴支持和推动企业做大做强，带动乡村产业发展。

发挥广大农民的主体作用。实施乡村振兴战略，最为关键的就是要最大限度地发挥农民的力量，充分调动广大农民的积极性、主动性、创造性，把广大农民对美好生活的向往转化为推动乡村振兴的强大动力。要坚持以人民为中心，尊重农民主体地位和首创精神，切实保障农民物质利益和民主权利，把农民拥护不拥护、支持不支持作为制定党的农村政策的依据。农民是建设和发展乡村最主要、最可靠的力量，要坚持农民的主体地位，保障农民的切实利益，充分尊重广大农民的意愿和自主选择权，使农民成为乡村振兴的主体力量，增强乡村振兴的内生动力。要加强制度建设、政策激励、教育引导，把发动群众、组织群众、服务群众贯穿乡村振兴全过程，充分尊重农民意愿，弘扬自力更生、艰苦奋斗精神，激发和调动农民群众积极性主动性。重点提高农民的组织化程度，培育新型经营主体，发展农民合作社和家庭农场农业经营主体，发展农业新业态和新模式，提高农业经营效率，壮大村级集体经济。

乡村实行"三权"分置改革是农村土地制度的重大创新性变革，实行农民组织化让个体农民形成集体合力而平等地参与农地经营权的流转，并形成公平交易，有利于从根本上维护农民的合法权益，保护农民的正当利益。区域内条件成熟的农民合作社和家庭农场要自觉参与进来，乡村、社区集体组织的完善发展应成为乡村振兴战略的重要组成部分。由农民平等自愿组成专门经营、管理农村集体经营性资产的股份合作社，要按照政经分开的原则对全体股东村民负责。完善乡村治理体系，赋予农民主体权利和主体责任，强化村民的自主意识和自治功能。要在总体上提高广大农民对乡村振兴战略的认知水平和把握能力，培育农民推动乡村振兴的责任意识、参与意识和成效意识。

第三节　高素质农民培养内涵

农民问题是"三农"问题的核心，农民素养的高低，在一定程度上影响着农村的发展与进步。在新时代背景下，农民素养越来越受到关注，农民作为农业现代化建设的重要主体，发挥着不可忽视的重要作用。一方面，农民具备较高水平的素养有助于提高农民的就业竞争力，促进农民自身的综合发展。另一方面，高素养的农民有效增加了国家储备人才的数量，从而也促进了国家经济的发展，促进了社会的发展。因此，应重视对当代农民各方面素养的培育，使其不断提高道德素养、法律素养、科学文化素养、信息素养等，从各方面完善自己，实现人生理想与目标，从而推动农业现代化的建设与实现。

一、素养的内涵

素养指人在先天生理的基础上，后天通过环境影响和教育训练所获得的、内在的、相对稳定的、长期发挥作用的身心特征及其基本品质结构，实质上是人们在经常修习和日常生活中所获得的知识的内化和融合，它对一个人的思维方式处事方式、行为习惯等方面具有重要作用。一个人具备一定的知识并不等于具备相应的素养，只有内化和融合所学的知识并使之真正对思想意识、思维方式、处事原则、行为习惯等产生影响，才能上升为某种素养。

素养不同于素质。《辞海》对"素质"一词的定义有以下三个方面：第一，人的生理上生来具有的特点；第二，事物本来具有的性质；第三，完成某种活动所必需的基本条件。素质强调与生俱来的特点和性质，素养则强调后天生活和学习中的修习，以及在修习过程中通过内化和融合形成的涵养特性。从广义上讲，人的素养包括思想政治素养、道德素养、文化素养、业务素养、身心素养等，包含政治、法律、道德和文化各个方面的知识、规范、行为习惯等。素养是后天习得的，是在有力的学习环境中习得的，并不是与生俱来的心理特征。素养的习得是人在家庭、学校、社会、职业、经济、政治和文化等综合环境的影响下，一生中持续不断学习的过程。

素养从本质上说是一种学习成果，但又与学习成果不同。学习成果是人们参与一定的教育实践后产生的具体、直接的知识、技能和能力，但"素养"不仅指向学到了什么，还指向期望人们展现的是什么。学习成果倾向于关注知识本身，而素养则更关注对知识的应用。

公民的素养主要指与现代社会发展和现代文明建设相适应的人的内在素养，是人们在文化知识、政治思想、道德品质、科学技术、礼仪举止、法律观念、经营能力等方面所达到的认识社会、推动社会文明进步的能力和水平。它是综合反映一个国家国民素养和"软实力"的最重要的因素。当前，我国在向社会主义现代化迈进的历史进程中，必须全面推进经济建设、政治建设、文化建设、社会建设和生态文明建设。公民素养也就是推动这相互关联的"五大建设"所必需的人的品行、素养和能力，具体包括人的观念、思想、道德、文化、知识、智慧、技能等要素。一个社会能否实现和谐繁荣，一个国家能否实现健康稳定、长治久安，不仅取决于其制度的正义性，更取决于其公民的综合素养与态度。良好的公民素养不仅可以增强社会价值认同和凝聚力，为国家、社会的发展提供强大的精神动力；还可以关注与修复人与社会道德的缺失，提高社会发展的民主文明程度，实现人与人、人与社会、人与自然的和谐、可持续发展。

二、农民素养的主要内容

新时代农民素养指在推进农村经济建设、政治建设、文化建设、社会建设和生态文明建设过程中农民所必须具备的品行、能力和素养。培育新时代农民素养最重要的就是要不断提高农民的文明素养，形成与农业和农村现代化建设相适应的先进的观念、思想、道德、文化、知识、智慧技能等，提升农民建设新农村的能力和水平。

从新农村建设所涵盖的经济建设、政治建设、文化建设、社会建设和生态文明建设的具体需要来看，新时代农民素养主要包括以下内容。

（一）农民思想道德素养

思想道德素养是一个人思想素养和道德素养的融合和统一，是思想和道德的外在表现，也是一个人在社会中的行为规范的标准。思想素养和道德素养二者相互制约、相互促进，共同构成人的思想和灵魂。一个人的思想素养由其在社会生活中形成的人生观、价值观、世界观和社会观共同组成。道德素养是个人在道德上的自我锻炼，以及由此达到的较高的道德水平和道德境界，是人们道德思想认识和道德行为的综合反映。思想道德素养在农民的综合素养中处于核心地位。思想道德素养与科学文化素养共同构成新时代农民最基本的素养。

（二）农民法治素养

所谓法治素养，指一个人认识和运用法律的能力。一是法律知识，即知道法律相关的规定。二是法律意识、法律观念，即对法律尊崇、敬畏，有守法意识，遇事首先想到法律，能履行法律的判决。三是用法能力，即个人将法律知识与法律意识内化后运用在生活实践中的行为体现。一个人的法治素养如何，是通过其掌握、运用法律知识的技能及其法律意识表现出来的。

（三）农民科学素养

国际上普遍将公民科学素养概括为三个组成部分，即对于科学知识达到基本的了解程度；对于科学的研究过程和方法达到基本的了解程度；对于科学技术对社会和个人所产生的影响达到基本的了解程度。只有在上述三个方面都达到要求者才算是具备基本科学素养的公众。目前，各国在测度本国公众科学素养时普遍采用这个标准，我国也采用这一标准。这里所说的农民科学素养指农民了解必要的科学知识，具备科学精神和科学世界观，以及用科学态度和科学方法判断各种事物的能力。世界科学技术发展史表明，科学素养是公民素养的重要组成部分，公民的科学素养反映了一个国家或地区的软实力，从根本上制约着自主创新能力的提高和经济、社会的发展。

（四）农民信息素养

信息素养是一种综合能力，它包含人文、技术、经济、法律等诸多因素，和许多学科有着紧密的联系。信息技术支持信息素养，通晓信息技术强调对技术的理解、认识和使用技能；而信息素养的重点是内容、传播、分析，包括信息检索以及评价，涉及更宽的方面。它是一种了解、搜集、评估和利用信息的知识结构，既需要通过熟练的信息技术，也需要通过完善的调查方法，进行鉴别和推理来完成。信息素养是一种信息能力，信息技术是它的工具。信息素养包含技术和人文两个层面的意义：从技术层面来讲，信息素养反映的是人们利用信息的意识和能力；从人文层面来讲，信息素养也反映了人们面对信息的心理状态，或者说面对信息的修养。

（五）农民生态文明素养

生态文明素养是"生态文明"与"素养"的有机结合。生态文明素养是对以人与自然、人与人、人与社会，和谐共生、良性循环、全面发展、持续繁荣为基本宗旨的文化伦理形态所保持的敬畏之心和平素养成的良好习惯。生态文明素养是个综合性指标，有的学者将其描述为"了解生态系统中的环环相扣、物物相联，产生积极关心的态度，然后以行动在生活中表现出来，成为生态文明素养的三部曲"。

第四节　高素质农民培养意义

一、培育农民素养是新时代乡村振兴的必然要求

实施乡村振兴战略是党的十九大作出的重大决策部署，是决胜全面建成小康社会、全面建设社会主义现代化国家的重大历史任务，是新时代"三农"工作的总抓手。人是生产力中最活跃的因素，乡村振兴，关键在人。农民是乡村振兴的主体，也是受益者，是乡村振兴的动力来源。因此，培育农民素养是新时代乡村振兴的必然要求。只有把亿万农民的积极性、主动性、创造性调动起来，才能有效地推进乡村振兴。

（一）新时代实施乡村振兴战略的意义

农业、农村、农民问题是关系国计民生的根本性问题。没有农业、农村的现代化，就没有国家的现代化。农业强不强、农村美不美、农民富不富决定着亿万农民的获得感和幸福感，决定着我国全面建成小康社会的成色和社会主义现代化的质量。如期实现第一个百年奋斗目标并向第二个百年奋斗目标迈进，最艰巨、最繁重的任务在农村，最广泛、最深厚的基础在农村，最大的潜力和后劲也在农村。实施乡村振兴战略是解决人民日益增长的美好生活需要和不平衡、不充分的发展之间矛盾的必然要求，是实现"两个一百年"奋斗目标的必然要求，是实现全体人民共同富裕的必然要求。

党的十八大以来，在以习近平同志为核心的党中央的坚强领导下，坚持把解决好"三农"问题作为全党工作的重中之重，持续加大强农、惠农、富农政策力度，扎实推进农业现代化和新农村建设，全面深化农村改革，农业、农村发展取得了历史性成就，为党和国家事业全面开创新局面提供了重要支撑。党的十八大以来，粮食生产能力跨上新台阶，农业供给侧结构性改革迈出新步伐，农民收入持续增长，农村民生全面改善，脱贫攻坚战取得决定性进展，农村生态文明

建设显著加强，农民获得感显著提升，农村社会稳定、和谐。农业、农村发展取得的重大成就和"三农"工作积累的丰富经验为实施乡村振兴战略奠定了良好基础。

当前，我国发展不平衡、不充分问题在乡村最为突出，主要表现在：农产品阶段性供过于求和供给不足并存，农业供给质量亟待提高；农民适应生产力发展和市场竞争的能力不足新型职业农民队伍建设亟须加强；农村基础设施和民生领域欠账较多，农村环境和生态问题比较突出，乡村发展整体水平亟待提升；国家支农体系相对薄弱，农村金融改革任务繁重，城乡之间要素合理流动机制待健全；农村基层党建存在薄弱环节，乡村治理体系和治理能力亟待强化。

在中国特色社会主义新时代，乡村是可以大有作为的广阔天地，迎来了难得的发展机遇。我国有党的领导的政治优势，有社会主义的制度优势，有亿万农民的创造精神，有强大的经济实力支撑，有历史悠久的农耕文明，有旺盛的市场需求，完全有条件、有能力实施乡村振兴战略。必须立足国情农情，顺势而为，切实增强责任感、使命感、紧迫感，举全党、全国、全社会之力，以更大的决心、更明确的目标、更有力的举措，推动农业全面升级、农村全面进步、农民全面发展，谱写新时代乡村全面振兴新篇章。

（二）实施乡村振兴战略的总体要求

习近平总书记在十九大报告中指出，农业、农村、农民问题是关系国计民生的根本性问题，必须始终把解决好"三农"问题作为全党工作的重中之重。要坚持农业、农村优先发展，按照产业兴旺、生态宜居、乡风文明、治理有效、生活富裕的总要求，建立健全城乡融合发展体制机制和政策体系，加快推进农业、农村现代化。

乡村振兴，产业兴旺是重点。一个地区的乡村振兴必须要有产业支撑。产业是乡村振兴战略的核心，也是逐步实现农民就地城镇化、就近就业化的核心因素。

产业是经济社会发展的基础，也是乡村振兴战略的基础。必须坚持质量兴农、绿色兴农，以农业供给侧结构性改革为主线，加快构建现代农业产业体系、生产体系、经营体系，提高农业创新力、竞争力和全要素生产率，加快实现由农业大国向农业强国转变。

乡村振兴，生态宜居是关键。将新农村建设总要求中的"村容整洁"替换为实施乡村振兴战略总要求中的"生态宜居"是农村生态和人居环境质量的新提升，更加突出了重视生态文明和人民日益增长的美好生活需要。党的十九大报告指出，建设生态文明是中华民族永续发展的千年大计。既强调人与自然和谐、共处、共生，要"望得见山，看得到水，记得住乡愁"，也是"绿水青山就是金山银山"理念在乡村建设中的具体体现。

乡村振兴，乡风文明是保障。乡风文明既是乡村振兴战略的重要内容，更是加强农村文化建设的重要举措。实施乡村振兴战略，实质上是在推进融生产、生活、生态、文化等多要素于一体的系统工程。文化是农村几千年发展历史的沉淀，是农村人与物两大载体的外在体现，也是乡村振兴战略的灵魂所在。因此，在实施乡村振兴战略的过程中应转变过去"重经济、轻生态、轻文化"的发展理念。

乡村振兴，治理有效是基础。党的十九大报告指出，加强农村基层基础工作，健全自治、法治、德治相结合的乡村治理体系。培养造就一支懂农业、爱农村、爱农民的"三农"工作队伍。从原来的管理民主提升到治理有效，在实现从管理向治理转变的同时，也更加注重治理效率。自治、法治、德治相结合的乡村治理体系，为破解乡村治理困境指明了方向，充分体现了系统治理、依法治理和综合治理的理念。

乡村振兴，生活富裕是根本。将"生活富裕"放在实施乡村振兴战略总要求的最后，体现了乡村振兴战略的根本目的。将新农村建设总要求中的"生活宽裕"置换为实施乡村振兴战略总要求中的"生活富裕"，在目标导向上显然要求更高，这与我国当前正处于全面建成社会主义现代化强国的新时代密切相关。进入新时代，我国社会主要矛盾已经转化为人民日益增长的美好生活需要和不平衡、不充分的发展之间的矛盾。与之前相比，当前我国城乡居民收入和消费水平明显提高，对美好生活的需要内涵更丰富、层次更高，因此仅用"生活宽裕"难以涵盖新时代农民日益增长的美好生活需要。

二、培育农民素养是发展现代农业的需要

发展现代农业是社会主义新农村建设的首要任务。现代农业的核心是科学化，现代农业依靠的是科学技术的进步，科学技术的进步有效地促进了农业生产能力和生产效率的快速提高，以及农村经济水平的大幅度提升。现代农业的目标是产业化，农业生产链向产前、产后延伸，这样就形成了比较好的整体式的产业链条，从而打破了传统的生产模式，走上了生产集约化、专业化、产业化、科学化的轨道。因此，需要具有科学的管理理念，采用先进的管理技术和经营方式来组织生产。

我国正处在从传统农业向现代农业转变的重要时期，科学技术正在不断地被应用于农业生产之中，科技成果的转化最终需要通过农民的吸收消化才能更好地被运用于生产建设之中，从而有效地推进机械化、信息化、农业生产能力水平等方面的快速提升。因此，必然需要具备较高的科技素质、掌握大量的科技知识和技能的新型农民；需要培养一大批适应现代化农业生产的新型农民，进而提高我国农业及农产品的国际竞争力。因此，发展现代农业需要较高素养的农民。只有不断培育一批又一批高素养的农民，把农村巨大的人力资源转化为人力资本优势，才能为新农村建设注入内在、持久的动力。

三、培育农民素养是实现农村工业化、城镇化和产业化的需要

改变农村经济发展滞后的状况，统筹城乡经济社会发展推进农村工业化、城镇化、农业产业化，建设社会主义新农村，是由传统农业经济向现代农业经济转变、由传统的乡村社会向现代的城市社会转变、由传统农业向现代农业转变的必然要求。随着现代农业的发展，农业生产效率的大幅度提高必将解放出大量的劳动力，而农村剩余劳动力则需要向非农产业转移，向第二、第三产业转移。同时，新农村的建设为第二、第三产业的发展创造了良好的机遇，为农村剩余劳动力的转移创造了就业机会，拓宽了农民就业的空间。城乡经济社会发展的需要对农村劳动力的素养提出了更高的、新的要求。因此，提高农民素养是有效实施农村人力资源开发、将农村压力转变为巨大的人

力资源优势、实现农村人力资源的优化配置、推进城乡经济社会协调发展的重要举措。

四、培育农民素养是促进农民增收的重要途径

2018 年 6 月，习近平总书记在山东考察时指出，农业农村工作，说一千、道一万，增加农民收入是关键。农民增收是农村经济发展的基础，是社会主义新农村建设的一项重要任务。农业综合生产能力大幅度提升，农业生产质量化、规模化、科学化，提高了生产效率，推进了农村工业化和城镇化的建设促进了农村剩余劳动力的转移，从而给农民提供了更多的就业机会，同时也拓宽了农民的增收渠道。是否能较好地掌握科技知识和技能且运用于生产之中，使之转化为现实生产力，与农民素养的高低具有直接关系。其掌握和运用科技能力的强弱直接影响着经济的发展和自身的收入水平。素养较高、具备职业技能的农民具有顺利转岗就业的优势，在转岗就业中比较容易实现从事具有较高层次且收入较高的工作。促进农民增收是一个根本的问题。因此，必须提高农民素养，增强他们创业和就业的能力，这是有效促进农民增收致富的重要途径。

第二章 乡村人才振兴发展经验与启示

第一节 "耕读教育" 历史渊源与发展逻辑

具有千年文化底蕴的耕读教育被赋予了新的使命，也获得了新的发展机遇。传统的耕读教育本质上是以"耕读传家"为核心的耕读文化的延续与传承，也是传统乡村教育的重要文化面向。耕读教育萌生于先秦，形成于宋代，成熟于明清。近年来，基于乡村文化、耕读精神、自然和生命教育的热情，耕读教育呈现出复兴和回归趋势。全面梳理耕读教育的变迁历程和理论脉络，有助于加深对其文化底蕴和时代价值的理解。在乡村振兴战略的背景下，如何解读新时代耕读教育的新内涵、新内容，促进乡村教育和乡村社会文化可持续发展，是一个值得探讨的重要问题。

一、耕读教育之历史渊源

从基本涵义上看，"耕"指从事农业劳动，耕田种地，春种秋收；"读"指读书识字，晓世事、达礼义，修身立德。耕读概念的形成经历了漫长的历史过程，以耕读传家为核心的耕读教育演进也有其特定的社会文化基础。

（一）传统耕读教育的形成

自发的半耕半读、耕读相兼的生活方式自先秦时期即已存在。孔孟主张耕读分异"劳心者治人，劳力者治于人"。但是，农家学派的许行坚持"贤者与民并耕而食，饔飧而治"，以"上"就"下"与民同作。两汉时期重农重儒，扬雄在《法言·学行》中提出"耕道而得道，猎德而得德"的观点，以"耕"喻"读"的"耕学"开始在士人阶层中流行。三国至隋唐，耕读相兼多为隐士所好，读为主而耕为辅，耕以养学。作为生活方式，耕读生活是士人田园浪漫主义的一种文化表征。

"耕读传家"观念肇始于宋代，兴盛于明清。宋代允许平民以科举入仕，民间教育日益发达，大量落第士子在乡村沉淀。带动了自下而上的乡村读书热潮，读书识字成了很多"识字农"的生活必需品，耕读生活被当作一种人生快乐之事，逐渐成为一方风俗和民间常态。作为专门概念的"耕读"最早出现在北宋的科举考试中，耕读生活逐渐为上层士人所认可而成为一种主流的文化选择。在江南乡村地区，富民阶层大兴乡党之学，广开书院，乡村文教事业空前发展。"读可荣身，耕以致富""以耕养家，以读兴家"的观念深入人心，耕读结合也成为他们主要的家庭经营模式。随着朱熹关于"耕养之道"论述的传播，耕读传家逐渐成为践行儒家"修齐治平"理念的主要途径。明清以后，随着科举制走向鼎盛，官办社学、民办义学和家塾遍地开花，乡村教育达到了"无地不设学，无人不纳教"程度，"书香门第""诗书传家""耕读传家"等被刻上门匾、写入家谱。综上，从耕读生活到耕读传家是耕读文化逐步形制、内涵和价值不断丰富的过程。耕读传家观念也逐渐成为传统乡村教育的文化内核和形塑乡村社会的文化力量。

（二）耕读教育的社会文化逻辑

以耕读传家为核心的耕读教育是农耕社会生活方式的一种文化选择。耕读结合包含个体和家庭两层意涵：前者是个人躬耕躬读、半耕半读；后者是家庭成员分工合作，一部分"耕"以生存，一部分"读"以发展。耕读结合的基础在于构建了一种"耕读互惠"关系。个体的耕读生活以耕作作为生存之本，读书小可怡情，大可求官，向往田园隐居生活的士人还能借以启迪学问、陶冶性情、凸显身份。家庭的耕读结合则是家族防范、抵御不可控风险的最佳路径，具有守护祖先香火、淬炼子孙心性、优化家族内部分工和抵御外来风险等多重功能。从经济学角度看，耕读结合的家庭经营模式的纯收益大于专营读书和专营农耕。而耕读家庭中分工所形成的补偿互惠机制，既可以确保家庭收益的最大化，又可以约束家庭成员的行为，具有家庭整合的作用。因此，耕读结合是一种跨阶层的平衡生存理性与发展理性的文化选择，也是耕读传家机制的重要实践基础。

耕读教育对宗族、家族的整合功能是耕读传家观念深入人心的重要原因。从理论层面看，耕读传家是儒家入世学说的一种表述。所蕴含的勤劳俭朴、勇毅自强、知书达理、和衷共济等精神是儒家礼治思想的具体表述。从实践层面看，耕读传家是中国农耕社会中"宗族-家族"制度的地方性实践，其中的"耕"指满足宗族共同体的生产生活，"读"指学习、接受儒家礼制伦理规范，耕读结合构成了"宗族-家族"制度形成和延续的社会文化基础。

在以宗族为基本单位的传统村落中，耕读文化也是塑造村落空间格局和社会风貌的重要力量。例如，在耕读文化繁盛的闽浙地区，民居建筑风格、村落选址布局、功能分区等都蕴含了丰富的耕读文化符号。明清以来，将耕读传家写入家谱、家训，铭刻于祠堂内外已极为常见，奉行"以儒为业，耕读为务"之类信条的名门望族也比比皆是。耕读文化深刻地融入了以血缘、亲缘与地缘为纽带的村落"家园共同体"构建之中，耕读传家也成为村落认同的重要文化元素，促进了乡村社会与文化发展。

耕读教育日趋繁盛的重要制度基础是科举制，对乡村的社会结构与社会流动发挥了关键作用。科举制引导的社会流动是一种适度封闭的社会流动模式，主要发生在士绅、地主、官僚阶层之间，下层平民能够"朝为田舍郎，暮登天子堂"的机会极少。许多未能中举的读书人沉淀在乡村，一方面在耕读相兼的生活中伺机再考，另一方面通过教书、代写文书等参与乡村公共生活。一些低等功名的"生员"有机会进入乡村士绅行列，享有种种正式或非正式的特权，获得一定的声望。这种特权和声望常常被看作寒窗苦读的回报，他们的经历、事迹也多成为乡间励志教育的素材和地方崇文重道风气的典故。作为科举制的支持系统，耕读教育实际上发挥了乡村社会等级秩序和社会流动"指挥棒"的作用，并有效地衔接了"士""农"阶层。

耕读教育与乡村社会的密切关系还表现为在传统社会的"大传统"与"小传统"之间的衔接者角色。"大、小传统"理论由人类学家罗伯特·芮德菲尔德提出，被视为"精英文化"与"大众文化"

理想型的理论来源之一。人类学学者李亦园使用这一概念来阐释"文化中国"的本质特征，即"大传统的士绅文化"与"小传统的民间文化"是中国文化传统"致中和"特性的两种文化面向，二者"一物两面"、殊途同归。费孝通从中国士绅在城乡之间发挥桥梁作用的观点出发，吸收李亦园的观点，认为广布乡间的士绅通过对民间思想与历史经验的糅合"编制成一套行为和思想规范"，进而成为"影响社会的经典"。换言之，士绅阶层连接城乡的桥梁作用同样存在于"大、小传统"之间，扎根乡村的士绅阶层利用其跨越城乡文化的"转码"能力成为"大传统"生成的贡献者。耕读教育在其中扮演了文化承载者和衔接者的角色。正如梁漱溟所说："'耕读传家，半耕半读'是人人熟知的口语。最平允的一句话：在中国耕与读之两事，士与农之两种人，其间气脉浑然相通而不隔。"耕读传家思想正是历代不同层次的士绅通过家训、蒙学、诗文、注经等形式，赋予其家国内涵，转化为儒家正统伦理规范的。在此意义上，传统耕读教育作为乡村教育体系的灵魂，使乡村社会成为一种社会文化的生产者，而不仅是文化的接受者。

二、耕读教育之近世式微

所谓"耕读分家"指耕、读分离，即耕读结合的社会文化纽带断裂。从耕读传家到耕读分家，一方面标志着传统教育观念和体系的衰落，另一方面也是传统社会结构变迁和文化转型的结果。

（一）传统耕读教育的衰落

进入 20 世纪以后，传统耕读教育逐渐走向衰落，其标志为科举考试的废除和新式学校教育的兴起。由乡村私塾、义学、社学和书院等构成的传统乡村教育，以培养符合科举考试标准的人才为目的，但废除科举考试从根本上瓦解了传统耕读教育的制度性基础。大量乡村私塾、社学等停办，普通农家子弟连读书识字的基本需求也难以满足，乡村读书人的数量日益减少、平均识字率逐渐降低。新式学校多设在城镇或大城市，乡村学生求学不得不"离土又离乡"。同时，由于新式学校的学费高昂，普通农家子弟实际上根本无力入读。根据清末状元张謇的估算，20 世纪初的南通，初等小学的学费为人均 30~50 元，而当时普通农民的人均年收入不过 12~15 元，远不足供一个学生入读新式学校。同时，新式学校教授的内容也多与乡村生活脱节，新学所灌输的思想也与传统价值观相抵触。一般儿童入了学校，便不愿再和父兄下田工作。新式学校的毕业生也更青睐城市的工作和生活方式，嫌弃乡村生活，鄙视乡间的文化技能。新式学校对旧式乡学的替代，割断了家庭与学校教育之间的联系，"耕读传家"由此走向"耕读分家"。

（二）耕读教育的"分家"

耕读分家表面上是乡村教育的"新旧转换"，实际上根源于深刻的社会文化变革。耕读分家发生的根本原因有两点：一是"传家"机制的断裂。科举制废除、宗族制瓦解和乡村士绅阶层的消亡，使耕读失去了"传家"的社会基础和价值合法性。二是"耕"与"读"的割裂表现为"读"的内容、形式和方式的根本性变化，私塾变成了学堂、儒家经典变成了西式新学。传统耕读教育模式中，科举制、宗族制、士绅阶层和儒家伦理思想分别为耕读传家提供了制度支持、组织支持、物质支持和工具支持，这一支持系统确保了"耕以立家、读以兴家"的内源性传家机制的合法性和稳定性，也使耕读教育深度嵌入乡村社会结构中。但新式学校教育是"革命者"，并非耕读教育的"继承者"，不存在与乡村社会文化系统衔接的预设。正如新学教育所强调个人自由的思想一样，读书完全成为一种个人的选择，而不再以传家为目的。因此，尽管新学自诩"先进"，但却难以获得乡村社会与文化的首肯。这种矛盾从清末民初乡村不断出现的"抵制新学"现象中即可见一斑。作为知识和文化教育的"读"，在主体、内容、形式和方式上"离乡又离土"，打破了耕读结合的内在价值逻辑，动摇了其赖以生存的社会根基。

耕读分离还表现为"耕"的变化，即传统小农经济体系的逐渐解体以及由此产生的社会结构变迁。近代工业化、城市化的发展以及重农抑商政策的终结，导致了农耕经济模式的深层变革，土地与农耕生产方式对乡村社会的束缚力逐渐弱化。农业不再是农民唯一的谋生手段，由农而工、商的职业多元化选择弱化了原来的耕读互惠关系。如《金翼》中所描绘的图景，"农商协作"的模式推动了乡村社会从封闭走向开放。曾经以乡村和土地为最终归宿的乡村士绅开始追求新知识，谋求新职业，开始向城市的单程、单向流动，而下层农民的流动则呈现出在地理空间上的多向性和职业上的多元化。社会流动的加剧也改变了乡村社会的权力结构，农村精英向城市的大量流失造成了乡村士绅质量的蜕化，豪强、恶霸、痞子一类边缘人物开始占据底层权力的中心。土豪、劣绅把控下的乡村社会生态因此迅速恶化，社会秩序走向崩溃。

耕读分家也终结了传统文化的城乡一体性。耕读分离破坏了乡村的乡土文化生产机制，乡村从耕读文化的生产者转变为现代文化的接受者，乡村与农民被贴上了落后、愚昧迷信的标签。随着乡村人才、文化资源向城市的转移，近代以来形成的城乡二元经济结构扩展到了文化和教育领域。耕读分家成为城乡二元格局的文化起点。乡村的衰败引起了一些知识分子的警觉，纷纷提出了"到乡村去""到民间去"的口号，改造乡村教育、拯救乡土社会成为轰轰烈烈的乡村建设运动的主要目标，一些党政团体、地方政府也主张要"救救农村""复兴农村"。但无论是知识分子的试验还是政府的改良运动，都无法改变乡村人才流失、城乡差距拉大、文化衰落与心态崩溃的现实。

从耕读传家到耕读分家的转变是近代社会文化转型的一个方向。从现代性的进程来看，新式教育虽然比旧式乡学更为"进步"，但却无法替代后者的传家作用。而传统农业的衰落使"耕"的重要性大为下降，"进""退"之间，耕读分家已成必然。这不仅造成了乡村社会的衰落，还喻示了作为"精神家园"的乡土文化趋于分崩离析。

三、耕读教育之当代新生

当代的耕读复归存在两条相关联的路径，一是通过"耕读再结合"，将传统耕读观念、精神融入乡村教育实践，突破乡村教育发展瓶颈。二是从文化遗产的活化继承和创造性转化角度，发掘传统耕读文化的当代价值，以"新耕读传家"补益乡村教育。二者殊途同归，相得益彰，有助于推进乡村教育的改革和发展。

（一）耕读教育的复归实践

耕读分家是乡村社会文化变迁的结果。然而，指向耕读再结合的耕读教育努力却并未停止。20世纪50—60年代，为了解决乡村的教育资源短缺、高失学率与低升学率问题，在"两种教育制度、两种劳动制度"原则的指导下，各地农村开办了大量"半工（农）半读"式的耕读学校。基本做法是由农村大队、生产队主办，成立针对中小学生的半耕半读式的半日班或早、午、晚班。学生半天劳动、半天读书，除学习文化知识外，还要学习农技知识。教学活动经常在田间地头或者工厂车间进行，强调学以致用，不耽误生产，但知识教育效果有限。文化大革命开始后，各地耕读学校逐渐减少、停办。耕读学校是马克思主义"教育与生产劳动相结合"理论的实践应用，与当时全国性的夜校、农校等共同加快了农村扫盲进程，是教育资源极端短缺情况下的一种权宜之计，也不同于传统的耕读教育。但耕读学校强调"读书"以劳动生产应用为目的，满足了当时年轻劳动力亟须掌握生产知识和技术的需求，在农村大受欢迎。

近年来，一些乡村教育、乡土教育的实践也对耕读再结合进行了探索。一种模式是耕读学园式的乡村学校素质教育。所谓"耕读学园"指以耕读精神为理念的生活化、课程化的素质教育活动，其目的在于通过体验式教育开展富有地方特色的学校耕读教育。这种教育模式强调"贴近乡土""知行合一""立德树人"等教育理念，结合传统的耕读精神，将生命教育、自然教育、生态教育等理念融入学校的耕读教育实践。如江苏省如东县双甸小学、苏州市吴绫实验小学、四川省都江堰市驾虹小学等都进行了此类尝试。另一种模式是以"乡土""人本"理念重构乡村教育，强调全面反思乡村教育，让教育回归乡村生活、乡土文化，培养"立足乡土、敬爱自然、回归人本、走向未来的新一代农村子弟"。比如由肖诗坚创办的贵州省田字格兴隆实验小学，利用乡村本土资源，从农村学生的经验及生活中提取课程元素，开发了以"生命、自然、乡土及传承"为核心理念的"5+1"乡土人本课程体系。这一模式本质上也是一种富含耕读精神的教育实践。总体来看，教育实践中的耕读教育均基于现有教育体制，采用体验式、沉浸式、课程化的教育方式，整合校内校外教育资源，将乡土教育融入学校教育中，增进了学生对耕读生活、本地乡村社会文化的认知和认同。

耕读文化遗产保护与开发实践中的文化旅游，也是耕读教育复归的一种形式。这种模式的基本特点是将古村落的耕读文化遗产保护与文化旅游项目相结合，基于寓教于乐的教育理念，开发针对青少年的耕读文化游学、研学项目，通过娱乐化、休闲化的文化活动展示、宣传耕读文化。例如，福建省培田村的青少年耕读文化游学项目、云南省腾冲和顺古镇的耕读文化旅游项目等。这种模式是一种以耕读文化旅游为载体的社会教育，舞台化的文化展演形式限制了对耕读文化的深度理解，很难称之为真正意义上的耕读再结合。

20世纪50—60年代的耕读学校是一次现代教育尝试融入乡村生活、耕读再结合的教育实验，但限于实施时间较短和特定的时代环境，影响有限。文化旅游中的耕读文化传承多流于走马观花，不属于耕读再结合。相对而言，乡村教育反思、乡土教育视野下的耕读教育探索，从反思当代乡村教育"脱域"于乡村社会文化的问题切入，以主位视角理解教育与乡村的关系，击中了耕读再结合的要害。但是，当下的耕读教育探索主要是在学校教育体系内进行，乡村的家庭和社区很少参与其中，且基本上是自发式的零星教育实验，缺乏制度层面的依据和支持。

耕读复归现象是当下乡村教育深层次矛盾的一种反映。近30年来，乡村教育研究的基本论调是乡村教育的"问题化"和"危机化"，表现为"离农"与"为农"之争，"文字下乡、文字上移、文字留乡"之争，"嵌入、脱嵌与再嵌入"迷思，"守护乡土教育本真"还是"农村教育城镇化"之争等。这些争议的基本预设是乡村教育是弱势的、匮乏的、从属性的，乡村教育需要"救赎"，多将"乡村教育"等同于"乡村学校教育"，忽视了乡村教育内容、形式和主体的多样性。这导致各种"解决方案"都是围绕着乡村学校"做加法"。例如，出台教育奖补政策加大教育资源投入、改善软硬件设施、提振师资、开设乡土课程等。这些措施确实解决了乡村教育中的一些难题，促进了乡村学校教育的发展，但却未能解决一些"顽疾"。例如，教师惩戒权边界、学生的厌学情绪和心理问题、校园欺凌、家校矛盾、隐性辍学、教育质量瓶颈、优质生源流失、"读书无用"学风等问题。这些问题多被视为"学校内部问题",以加强管理的方式应对。实际上,乡村教育问题的根源在于乡村文化的缺失,乡村社会文化生产与更新能力的丧失虚化了乡村文化,导致乡村孩子成长中本土资源与价值的缺失,只能"生活在别处",他们的精神世界一片荒漠。从耕读分家开始,城乡二元分化的主要后果之一就是乡村的文化衰落与自信丧失,与乡村教育的"城市中心主义"交织导致了乡村教育的意义"悬置"和"无根化",这种"意义危机"正是耕读复归的重要原因。教育要"认识我们脚下的土地",这样的呼声正在成为一种社会共识。

（二）耕读文化遗产的创造性转化

发掘耕读文化遗产的教育价值,构建"新耕读传家",是耕读教育复归的文化路径。作为中华优秀传统文化遗产,耕读文化是传统农耕社会总体性文化的一个面向,新耕读传家是传统耕读文化的复兴和再创造。从物质性层面看,耕读文化包括纯朴自然、和谐恬淡的乡村生态环境。半耕半读、躬耕乐道的生产生活方式以及在此基础之上形成的文化样式。如观念、制度、民间文艺、历史典故等符号体系,以及建筑、生产工具、服饰和家书家训等实物形式。从非物质性层面看,耕读文化一方面表现为一种"家园遗产",即对土地和传统农耕制度的认知、儒家伦理的"地方性实践"宗法制的社会生活秩序等;另一方面可概括为一种"耕读精神",即"天人合一"的生态价值观、"孝悌为本"的伦理价值观、"知行合一"的教育价值观以及"自强不息"的生命价值观等,或忠于国家、为民造福的家国情怀和自强不息、勇于担当的民族精神。耕读文化遗产的价值根本上在于其活态性,依然在现实生活中发挥滋养心灵、教化后人以及维持乡村社会秩序的作用。从教育人类学的角度看,耕读文化遗产的活化继承与耕读教育是"一体两面"的关系。因此,系统阐释耕读文化的时代意涵,构建"新耕读传家",转化为当代教育,特别是乡村教育的文化资源和教育内容尤为重要。

农耕文化价值的再发现为新耕读传家奠定了话语基础。传统耕读传家观念的特点是重"读"轻"耕"，无论是士人的"耕读悟道"，还是平民的"以耕养家、以读兴家"，最终的落脚点都在于"读"。而当代的耕读传家关注的焦点是"耕"，着眼于对农耕文化的重释和乡村生活的回归。一方面，农耕文化在生态与发展伦理、乡村治理、乡村旅游等方面的价值日益受到重视；另一方面，农耕文化作为乡村生活价值核心的观念逐渐成为一种社会共识。新耕读传家意在激活农业、农村、农民在乡村社会文化发展中的主体意识，重构乡村"精神家园"。乡村生活方式与乡村文化自信的恢复为新耕读传家提供了现实支持。随着城乡差距的缩小和乡村生态环境、基础设施的改善，乡村生活方式的独特性和魅力日益明显，重建乡村文化自信的内在需求日益迫切，新耕读传家是对内生性乡村传统文化的接续和更新，有着深厚的现实生活基础。

总体来看，新耕读传家是耕读文化在新时代的创造性转化，对于接续农耕文化传统，提振乡村文化自信和文化生产力有着特别的价值。乡村文化生态的改善有助于乡村教育摆脱困境。健康而有活力的乡村教育也需要源源不断的文化营养补给，耕读复归正当其时。

第二节　新时代乡村人才振兴的做法成效与经验启示

实施乡村振兴战略，人才尤为关键，《中共中央　国务院关于实施乡村振兴战略的意见》第十条专门讲了如何强化乡村振兴人才支撑，并从大力培育新型职业农民、加强农村专业人才队伍建设、发挥科技人才支撑作用、鼓励社会各界投身乡村建设、创新乡村人才培育引进使用机制五个方面对乡村人才工作进行了论述。2020年6月17日，农业农村部等九部委联合发布《关于深入实施农村创新创业带头人培育行动的意见》，文件提出，到2025年，农村创新创业环境明显改善，创新创业层次显著提升，创新创业队伍不断壮大。文件明确把扶持返乡创业农民工和鼓励入乡创业人员作为培育重点。在党中央的引领和指导下，人才的重要性和乡村振兴靠人才，成为各行各业的共识，并以实际行动付诸实施。

一、新时代乡村人才振兴的做法成效

在推进社会主义现代化事业的进程中，中国共产党深刻认识到人才资源的重要价值，做出了"人才资源是第一资源"的科学判断。习近平总书记高度重视人才问题和人才工作，多次强调人才资源是第一资源。2013 年 10 月，习近平总书记在欧美同学会成立 100 周年庆祝大会上明确指出，人才资源作为经济社会发展第一资源的特征和作用更加明显，人才竞争已经成为综合国力竞争的核心。人才是推动社会发展的第一动力，不能忽视人才在实现社会主义现代化进程中的重要作用，农业农村现代化也是社会主义现代化不可分割的组成部分，农业农村现代化也离不开人才的支撑，这决定着全面建成小康社会的成色和社会主义现代化的质量，为抓好新时代乡村人才工作提供了抓手。实施乡村振兴战略，要精心打造和培育农业农村优秀人才，多措并举做好人才吸纳、引进工作，通过创新政策机制、优化农村环境、改善人才服务等留住人才，为乡村振兴奠定坚实的人力资源基础。

（一）建设新型职业农民队伍

习近平总书记指出，要把加快培育新型农业经营主体作为一项重大战略，以吸引年轻人务农、培育职业农民为重点，建立专门政策机制，构建职业农民队伍，形成一支高素质农业生产经营队伍，为农业现代化和农业持续健康发展提供坚实人才基础和保障。培养新型职业农民队伍，优化农业从业者结构，对推动农业供给侧结构性改革、实现高质量发展、助力脱贫攻坚和乡村振兴都具有十分重要的作用。从精准扶贫、精准脱贫和农业供给侧结构性改革的要求出发，选择把培育新型职业农民作为扶贫攻坚的突破口、以党建作为新型职业农民培育的组织载体，实现了党建与新型职业农民培育的有机结合，形成了"党建+新型职业农民培育"的农村人才培养及产业扶贫新模式。基层部门牵头整合涉农部门、财政、党校、扶贫等职能部门的资源，统一调配培训资源、统一安排参训学员、统一设计培训内容、统一进行培训管理；突出党建引领，从单纯技术培训转向"党建+"；筛选基层党员干部、优秀青年农民作为培育对象，从"广撒网"转向"有重点"；创新培育形式和培育内容，从单一化转向多元化；强化考评、建档及政策扶持服务，从"一训了之"转向"跟踪服务"等创新做法，形成了致富带富的"火种效应"、固本强基的"雁阵效应"。湖北省结合新型职业农民培育建基地，将农业科技示范基地作为当地职业农民培育的田间课堂，示范给农民看，带着农民干，构建"农科教单位农业专家科技服务团队+村级农业科技服务的（村级农业技术员）+科技示范户"的新型农业科技服务模式，让当地必需的、有实际应用价值的农业技术直接服务于农民。江西省吉安市泰和县注重农村新型职业农民队伍建设，重点培养一批懂技术、善经营、会管理、能致富的"土专家""田教授""种养能人"，发挥致富带头人的传帮带作用，形成"品牌+致富带头人+扶贫"模式，带领贫困户发展品牌农产品生产脱贫致富。从 2018 年起，江苏省连云港市启动新型职业农民三年培训行动计划，以农民需求为核心，积极推动将新型职业农民培育纳入乡村振兴战略规划，以"政府主导、服务产业、需求导向、循序渐进"为原则，实施"四大工程"，以生产经营型、专业技能型和专业服务型等三类职业农民为培育重点，开展农业技能培训；以家庭农场等新型农业经营主体带头人为主体，分类别开展专题培训；以"半农半读"中职教育为主要形式，开展农业从业人员学历教育。着重打造一支具有较高生产技能和经营水平、具有较强市场意识和管理能力的现代新型职业农民队伍。各地通过更多方式培育优秀农民集体合作组织带头人、乡村旅游休闲产业带头人、农村种植养殖带头人、农村发家致富带头人等现代农业生产带头人，提升农民整体职业素质。

（二）建设农村乡贤队伍

乡村振兴的关键在于人才振兴。"新乡贤"作为一支德才兼备的贤能人士队伍，对于乡村人才振兴来说无疑具有重要意义。2015 年出台的中央一号文件《关于加大改革创新力度加快农业现代化建设的若干意见》提出，创新乡贤文化，弘扬善行义举，以乡情乡愁为纽带吸引和凝聚各方人士支持家乡建设，传承乡村文明。上海市奉贤区探索"乡贤+"乡村治理新做法，积极引导乡贤等社会力量共同参与农村基层治理。通过"乡贤+项目""乡贤+文化""乡贤+公益",引导乡贤融入大局、服务大局,展示榜样力量,奉贤全区目前已建成 66 个乡贤工作室;同时,以制度为抓手,出台《关于推动乡贤参与社区治理的实施方案》,突破传统体制内选人、用人局限,从乡贤中物色优秀人才进入村干部队伍。河南省洛阳市宜阳县针对基层党员干部"年龄老化""能力弱化"等问题,大力实施农村干部能力提升项目,把"乡贤能人"选进了村两委(村党支部委员会、村民委员会)班子,进一步夯实乡村振兴组织基础。浙江省温州市实施"乡贤助乡兴"行动,有很多的乡贤、投资商,在政府鼓励下,带着资金、项目和技术来到农村,已吸引 192 亿元社会资本下乡,聘请、引回乡贤能人 1.7万人,筹集共建资金 209 亿元。

(三)引导鼓励大学生村官扎根基层

让大学生当村干部是党中央做出的一项重大战略决策,是推动乡村建设的一项重要措施。大学生"村官"积极参与农村工作,能够增添农村工作队伍的活力,增强基层党组织的创造力。2018 年 6 月,习近平总书记在山东省考察时强调,鼓励大学生"村官"扎根基层,为乡村振兴提供人才保障。大学生村官在广大农村发挥着积极的作用,一大批有文化、懂技术、会经营、善管理的大学生"村官",帮助农民群众理清思路、加快发展,引导农民群众崇尚科学、弘扬新风,成为乡村振兴不可或缺的一支队伍。2012 年以来,江西省抚州市黎川县根据省委统一部署,开展实施"一村一名大学生"工程,为广大农村培养和造就了 380 多名留得住的新型乡土实用人才。组建"黎川县乡村大学生创新创业协会",通过了协会章程和会员选举办法,创新创业协会为学员回馈乡村、服务乡村、参与乡村振兴提供了平台。北京市为保证选聘大学生"村官"的工作顺利开展,制定了《关于引导和鼓励高校毕业生到农村基层就业创业实现村村有大学生目标的实施方案》,在全市建立了引导和鼓励高校毕业生到农村基层就业工作联席会制度,并在市人事局设立联席办公室,专门负责选聘大学生"村官"的具体工作。北京市还在实践中解决大学生"村官"的后顾之忧,比如,非北京生源的北京高校毕业生,聘用后连续两年考核合格者，经有关部门批准可以转为北京市户口；工作满两年经考核合格报考研究生，入学总分加 10 分，并在同等条件下优先录取，3 年合同期满并做出突出贡献的可推荐免试入学；合同结束可以根据工作需要和本人意愿续签合同，还可以进入人才市场、应聘国家机关和事业单位岗位等。在大学生"村官"工作中，注重对大学生"村官"的培养，通过建立培养、选拔、使用、管理"四位一体"的人才资源开发机制，促进大学生"村官"成长成才。苏南地区是全国较早开展选聘大学生"村官"工作的地区之一，从 20 世纪 90 年代中期开始，苏南各地采取多种措施，加强到村任职大学生的管理服务工作，帮助他们尽快进入角色，通过创建政治关爱平台、实践锻炼平台、工作交流平台，加强大学生"村官"的培养管理。

（四）鼓励外出能人返乡创业

2015 年 6 月，国务院办公厅印发了《关于支持农民工等人员返乡创业的意见》，支持农民工、大学生和退役士兵等人员返乡创业，通过降低返乡创业门槛、落实定向减税和普遍性降费政策、加大财政支持力度、强化返乡创业金融服务、完善返乡创业园支持政策、推进"三年行动计划"，让大众创业、万众创新，使乡村百业兴旺，促进农民就业、收入增加，催生民生改善、经济结构调整和社会和谐稳定新动能。乡村要振兴就要改变人才由农村向城市单向流动的局面，让曾经"走出去"的成功人士"走回来"，实现"人才回流"，把在城市里积累的经验、技术及资金带回本土，造福乡梓。河北省石家庄市元氏县先后制定了《元氏县人才队伍建设促进县域经济发展的实施意见》《元氏县引进高层次人才实施办法》等一系列文件，形成了"1+X"人才政策体系。实施人才回乡计划，以乡情为纽带、以服务为手段，先后召回 200 多名在外优秀人才服务乡村振兴。湖北省启动实施市民下乡、能人回乡、企业兴乡的"三乡工程"，以政策推动、乡情感动、项目驱动、工程带动各类人才支持乡村振兴，仅 2017 年就有4000 多个能人回乡。农业农村部按照"政府搭建平台，平台集聚资源，资源服务创业"的思路，以"创设落实一批政策，搭建一批平台，培育一批带头人，总结推广一批典型模式，建立一套服务体系

（五个一）"为工作布局，大力实施农民创业创新服务工程；组织了全国农民创新创业经验交流活动，全国农村创业创新优秀带头人典型案例宣传推介活动，举办返乡农民工创业创新高层论坛，开通全国农村创业创新信息网。共青团中央实施"农村青年电商培育工程"，推动"千县万村百万英才"项目，联合阿里巴巴、京东、苏宁云商等集团推动农村青年在电子领域创业就业，举办中国青年电商群英会暨电商扶贫活动周、寻找"青年电商新锐"等活动，着力培养农村青年电商人才。

（五）培育农村基层党组织带头人

2018年4月，习近平总书记在湖北省考察时强调，村党支部要成为帮助农民致富、维护农村稳定、推进乡村振兴的坚强战斗堡垒。办好农村的事，要靠好的带头人，要有坚强的基层党组织，加强农村基层党组织带头人队伍和党员队伍建设。河北省实施村党组织带头人优化提升行动，全面落实村党组织书记县级党委备案管理制度。抓好"万人示范培训"，把村党组织书记纳入党员干部培训整体规划，依托省内外19家农村干部培训基地，省级每年直接培训1万名农村党组织书记，实现届内省级培训全覆盖，同步加强市级重点培训、县乡兜底培训。推行村党组织书记星级管理制度，重点围绕班子建设、队伍建设、制度落实、工作业绩、群众评价等指标进行评星定级，将评定结果作为绩效工资、表扬奖励的重要依据。建立第一书记派驻长效工作机制，全面向贫困村、软弱涣散村和集体经济空壳村派出第一书记，向乡村振兴任务重的村拓展。甘肃省白银市白银区筑牢坚强堡垒，该区坚持"给钱给物不如有个好支部"的理念，以"破三弱、强造血"行动为契机，整改村级党组织42个。配强红色"头雁"，村看村、户看户，群众看党员，党员看干部，基层干部是推动乡村振兴的核心力量。该区聚焦"高素质"选配干部，把政治素质放在首位，下发了《白银区实施"头雁工程"推进村党组织带头人队伍整体优化提升实施方案》，坚持以事择人、依事选人，围绕乡村振兴配班子、选干部，把善于引领发展、攻坚克难、不驰于空想、认真抓落实的干部安排到乡村振兴一线，长本领、增才干、受历练。四川省提出实施基层党组织"万名好书记"培养引领计划，努力打造一支优秀村党组织书记队伍。

要解决乡村产业缺人、缺人才的问题，应立足城乡人口流动的大趋势，坚持内培与外引相结合，强化育才措施，优化留人环境，促进各路人才"上山下乡"投身乡村振兴。江苏省宿迁市沭阳县为不断加强现代农业人才队伍建设，激活乡村"带头人""实干人"的作用，实施乡村领头人队伍结构优化、素质提升计划和"金种子"乡村人才集聚培育计划。该县从本村优秀干部、回乡创业大学生、致富能手、农民经纪人、农民专业合作组织负责人等群体中选拔村支书。组织各类村支书培训、考察，并鼓励各种形式的在职学习。引导和鼓励新型职业农民参加各专项业务培训班，提高专业素质和农业经营水平。加大农村电商专业人才培养力度，壮大农村电商专业队伍，充分利用"淘宝大学""传智播客"等资源，培养一批高层次的电商人才，有力地推动了沭阳经济社会的发展。

（六）促进五级书记抓乡村振兴

2018年7月，习近平总书记对实施乡村振兴战略作出重要指示，他强调，坚持五级书记抓乡村振兴，让乡村振兴成为全党全社会的共同行动。坚持党政一把手是第一责任人，五级书记抓乡村振兴。汇聚全党全社会强大力量，坚决打赢脱贫攻坚战，开创乡村振兴新局面。2019年，甘肃省委出台的一号文件还细化实化了五级书记抓乡村振兴的制度安排，强调把落实"四个优先"要求作为做好"三农"工作的头等大事，同政绩考核联系在一起，层层落实责任，并在政策支持上进行制度性安排。安徽省委自部署开展"五级书记带头大走访"活动以来，省、市、县、乡、村五级党组织书记带头进农村、进企业、进社区、进学校，各级领导班子和广大党员干部积极访民情、汇民智、释民惑、解民忧、惠民生。

二、新时代乡村人才振兴的经验启示

中国农业农村的发展必然要在国家战略下进行通盘考虑、统筹规划并扎实推进。推动乡村振兴战略按要求、按步骤、按成效进行，彻底改变农村贫困落后面貌，农业农村现代化需要大量人才投入乡村振兴战略中一起奋斗。全国各地乡村人才振兴的生动实践总结了许多经验和启示，包括乡村人才振兴要坚持以马克思主义人才观为指导，乡村人才振兴要坚持党管人才的方针，乡村人才振兴要以改善乡村人才环境为条件，乡村人才振兴要以建设乡村人才队伍为重点，等等。乡村人才振兴需要从思想上、政治上、组织上等方面全面推进。

（一）乡村人才振兴要坚持以马克思主义人才观为指导

马克思主义经典论著中的人才观充分体现了历史唯物主义思想，在社会主义条件下，人民群众不仅是先进生产力的创造主体，而且是为解放和发展生产力提供制度保证的直接承担者；不仅是探索社会主义发展道路的主体，而且是社会主义建设的理论、路线、方针、政策的直接实践者。只有积极调动广大人民群众的能动性和创造性，使人民的历史主体作用得以充分发挥，一切有利于造福社会和人民的源泉才能充分涌流。人才具有良好的素质，能够在一定条件下不断地取得创造性劳动成果，对人类社会的发展能够产生较大的影响。人才来自人民群众，又反哺人民群众，为广大人民群众的幸福而奋斗。马克思主义人才观是来自人民、为了人民的人才观，始终以最广大人民的根本利益为根本立足点，面向最广大人民的现实需要，为最广大人民的发展服务。寻觅人才求贤若渴，发现人才如获至宝，举荐人才不拘一格，使人才各尽其能。乡村振兴需要人才，人才的选拔要坚持以人民为中心，为人民谋幸福、为民族谋复兴、为民族谋大同是中国共产党的初心和使命，切实增加人民群众的福祉。当前，党和国家把不断满足人民群众日益增长的美好生活需要作为根本任务，更好地解决发展不平衡、不充分问题。农村发展的不平衡、不充分，不仅制约农业农村发展，也制约城镇化水平和质量的提升，最终会影响"两个一百年"奋斗目标的实现。农村具有广阔天地，人才只有把自己的创造实践纳入为人民美好生活需要而奋斗的具体实践中才最有价值。坚持以人民为中心，就是要满足广大农民对美好生活的需要和追求，以最广大人民的根本利益为出发点和最终归宿，这正是新时代"三农"人才队伍的自觉追求和努力方向。要树立"尊重知识、尊重人才"的马克思主义人才观，破除论资排辈的陈腐观念，真正把那些忠诚于党的路线并能够创造性地执行党的路线的干部，把那些为改革开放和社会主义现代化做出实际贡献、得到群众承认和信任的干部，选拔到领导岗位上来，使得农村领导机构充满活力。

（二）乡村人才振兴要坚持党管人才的方针

党的十九大报告明确指出，党是领导一切的。坚持党管人才，就是要让各类人才团结和凝聚在党的周围，在党的带领下投身于中国特色社会主义建设事业；就是要确保人才工作沿着正确的路线方针前进，服务国家发展大局；就是要党对自身历史方位变化和领导方式转变有高度自觉，清晰把握人才资源的重要价值和作用；就是要发挥党"谋大局、抓关键、管大事"的功能，形成人才发展的感召力、协调力和凝聚力。加强党对人才工作的全面领导，有利于把握人才工作的方向，有利于人才工作更好地为全党、全国工作大局服务，有利于在党委的统一领导下整合社会各方面力量，这也是中国特色社会主义进入新时代做好人才工作的最根本要求。要坚持党管人才的原则，聚天下英才而用之，实现乡村的全面振兴。首先，党管人才的目的是用好用活人才，要在党的领导下，大力实施乡村人才振兴，最大限度地发挥党管人才工作的杠杆效应和辐射作用，盘活用好乡村本土人才，建立引才机制体制，释放人才最大效能。要坚持和完善党管人才原则，切实改进党管人才方法，真正做到解放人才、发展人才，用好用活人才。就是要扫除乡村人才振兴建设中各种"拦路虎"和"绊脚石"，建立健全充满生机活力的乡村人才发展体制机制，为各类人才提供更多发展机遇和更大发展空间。其次，党管人才的重点是谋大局、管大事，各级党委是党管人才的责任主体，发挥着统揽全局、协调各方的领导核心作用，担负着管大事、抓关键的职能。坚持党管人才工作的原则，贯彻党管人才的要求，主要是管宏观、管政策、管协调、管服务，而不是由党委去包揽人才工作的一切具体事务。更好地统筹人才发展和经济社会发展，更好地统筹人才工作的方方面面，既要重视管宏观、管政策、管协调、管服务，又要抓好管规划、管改革、管统筹，形成党委统一领导。组织部门牵头抓总，基层各司其职、密切配合，社会各界力量广泛参与的乡村人才工作新格局，为人才成长和充分发挥作用提供更有力的支持和更优良的服务，把优秀人才聚集到乡村振兴事业中来。最后，党管人才的形式主要是宏观管理，人才管理有其自身特殊的规律，既受市场规律的影响，也受人才成长规律的制约。坚持党管人才原则，要遵循社会主义市场经济规律和人才成长规律。要发挥市场在人才资源配置中的决定性作用，构建灵活的乡村人才培育管理机制，遵循乡村人才建设的规律，制定人才培养、人才引进、人才评价、人才激励等办法，不断提升党管人才的科学化水平。

（三）乡村人才振兴要以改善乡村人才发展环境为条件

"环境好，则人才聚、事业兴；环境不好，则人才散、事业衰。"人才发展环境的优劣是能否吸引人才到农村去的关键因素。第一，改善乡村人才振兴的教育环境，人才的培养要靠教育，实现中华民族伟大复兴"归根到底要靠人才、靠教育"，通过开办农校、夜校开展农村职业教育，组织一些沙龙、讲座、培训等农村教育工作，培养出推动农村农业发展的各级各类人才。党的十九大报告提出，要"优先发展教育"，同时强调要"高度重视农村义务教育"，通过夯实基础教育、激励引进优秀教育资源，改善农村教育资源配置，增加对农村学生的各项补助，支持农村孩子上学，提升高等教育入学率，改善农村的教育环境，吸引并培养更多的人才助力乡村振兴。第二，改善乡村人才振兴的政策环境，如何"筑巢引凤"，构建"来得了、待得住、用得好、流得动"的体制机制，让农村成为优秀人才的集聚地，离不开农村的政策环境。通过制定乡村基层人才引进与实施办法等途径，坚持实效，不搞"装点门面"的形式主义，切实为优秀人才提供实现事业梦想的舞台，让一批有理想、有抱负、有能力的科技人才、专业人才、本地农民及在外务工人才建设自己的家乡，切实做到人才投资优先和人才待遇优先，真诚关心人才、尊重人才和团结人才。第三，改善乡村人才振兴的激励环境，农村与城市在经济发展、公共福利、环境条件方面仍然有较大的差距，虽然国家在"三农"工作方面开展了大量的强农惠农富农计划，但从整体上看，农村人才的生活质量、发展机会、生活环境与城市比起来还是有差距的。因此，农村要想吸引并留住人才，就要构建人才分类激励机制、城乡区域人才对口服务机制等激励措施，采取特殊激励机制、成果归属机制和利益分配机制，让人才能够多贡献，愿意多贡献，充分发挥优秀人才的潜能，让真正懂农业、爱农村、爱农民的人才队伍留在农村，服务农村，助力乡村振兴。

（四）乡村人才振兴要以建设乡村人才队伍为重点

建设什么样的乡村人才队伍？怎么建设乡村人才队伍？乡村人才队伍在乡村振兴中如何有效发挥作用？这些问题是农村发展中党和政府长期以来关注的。要把乡村振兴的道路走好，就必须努力建设全面性、素质好的乡村人才队伍。第一，加强新型职业农民队伍建设，新型职业农民是乡村振兴的主力军，要发挥其积极作用，使其更好地投入生产实践之中，通过开设培训课程提高农民的专业水平、鼓励在外务工农民回乡创业等方式，发挥其了解农村、热爱农村这一得天独厚的优势，让农村人才"活"起来。第二，加强乡村干部队伍建设，乡村振兴战略的实施离不开乡村干部队伍，为此，加强乡村干部队伍的工作作风建设和能力建设不可或缺。通过加强乡村干部队伍的工作作风建设、能力建设，国家选派一批高学历、高素质的人才充实乡村基层干部队伍等方式，更好地促进乡村振兴工作的深入开展。第三，加强乡村农业科技人才队伍建设，乡村的发展离不开科学技术，更离不开掌握科学技术的农业人才，要大力加强对农业科技人才的教育与培训，提升其知识与技能水平。通过建设乡村振兴人才专家智库、培养一批农业技术推广人才等方式，大力吸引新技术、新资源、新人才，促进各路人才"上山下乡"积极参与到乡村振兴的伟大实践中去。第四，加强新乡贤队伍建设，乡村振兴战略人才队伍建设必须发挥新乡贤的作用，从政府、社会、文化、乡村等多维度形成合力，进一步优化新乡贤人才政策扶持机制，构建新乡贤人才孵化机制，创新新乡贤人才使用机制，重塑新乡贤人才培育机制，真正让新乡贤"回得来""干得好""留得住"，为乡村振兴注入源头活水。

党的十九大报告强调，人才振兴是乡村振兴的基础，要创新乡村人才工作体制机制，充分激发乡村现有人才的活力，把更多城市人才引向乡村创业，按照乡村振兴总要求实施乡村振兴战略。随着"三农"工作的推进，乡村振兴需要越来越多的高素质人才，全面实施乡村振兴战略离不开强大的人才支持。我们要进一步加强乡村人才振兴工作，培养、吸引和使用好各类优秀人才，突出需求导向、问题导向、能力导向、任务导向和激励导向，建立健全各项鼓励乡村人才干事创业的制度机制，为引进人才、培育人才、使用人才提供更好的条件，创造更好的环境，建设数量充足、结构合理、素质优良的懂农业、爱农村、爱农民的"三农"工作人才队伍，激励和支持各类人才自觉投身于乡村振兴事业，充分发挥人才资源在乡村振兴中的独特作用，充分调动亿万农民的积极性、主动性和创造性，为高质量实施乡村振兴战略和建设社会主义现代化强国提供强大的智力支持和人才保障。

第三章　乡村振兴战略与农民教育

第一节　乡村振兴战略的基本内涵

乡村振兴战略的内涵十分丰富，既包括经济、社会和文化振兴，也包括治理体系创新和生态文明进步，是一个全面振兴的综合概念。"产业兴旺、生态宜居、乡风文明、治理有效、生活富裕"的总要求构成了乡村振兴战略的基本内涵。这与 2005 年开始在全国开展的社会主义新农村建设目标"生产发展、生活宽裕、乡风文明、村容整洁、管理民主"的内容相比，内涵有了新提升、新发展：从原来的"生产发展"提升到"产业兴旺"，体现了加快产业优化升级、促进产业融合的新要求；从原来的"村容整洁"提升到"生态宜居"，意味着要通过生态文明建设，建设乡村美丽新家园；从原来的"管理民主"提升到"治理有效"，更加强调运用现代的治理方式和治理效果推进乡村治理能力和治理水平的现代化；"生活富裕"替代"生活宽裕"，体现了随着小康社会的全面建成，人民对日益增长的美好生活的追求。习近平总书记指出，实施乡村振兴战略要以产业兴旺为重点、生态宜居为关键、乡风文明为保障、治理有效为基础、生活富裕为根本，推动农业全面升级、农村全面进步、农民全面发展。这为深刻把握乡村振兴战略总要求指明了方向。

一、产业兴旺

生产力是社会发展的决定性因素，大力发展生产力才能体现社会主义优于资本主义的特点。产业兴旺，是解决农村一切问题的前提。乡村振兴，关键是产业要振兴。产业兴旺是乡村振兴战略的物质基础，乡村振兴必须要有兴旺发达的产业支撑，这是农业农村经济适应市场需求变化、加快优化升级、促进产业融合的要求。以农业供给侧结构性改革为主线，推进农业政策从增产导向转向提质导向，形成具有市场竞争力、能够可持续发展的现代农业产业体系，乡村才能有活力，经济才能有大发展。实现从产业单一性到产业体系化的跨越，围绕发展现代农业，构建现代农业产业体系、生产体系、经营体系，构建乡村产业体系，促进农村一二三产业融合发展，打破现代农业产业融合链条，打通现代农业产业各环节、流程、体系之间的壁垒，实现产、供、销一体化发展。发展农业多种功能，挖掘休闲旅游、生态环境、文化教育等新产业、新业态。培育主导产业，增强农业农村发展新动能，推进产业规模化发展，加快推进农业产业结构调整。大力发展农业农村现代服务业，运用大数据等创新手段。各地乡村要壮大特色优势产业，加快发展根植于农业农村、由当地农民主办、彰显地域特色和乡村价值的产业体系，推动乡村产业全面振兴。以各地资源禀赋和独特的历史文化为基础，科学有序开发优势特色资源，做大做强优势特色产业。农业作为共生产业，可发展生态有机农业、乡村旅游业、乡村手工业、乡村农副产品加工业、乡村新能源产业、乡村养老服务业、乡村文化创意产业等具有广阔发展前景的产业。做好根据本地区发展优势科学规划、培育新型农业经营主体、健全促进产业发展的城乡协调发展机制和社会化服务体系等工作，真正激活农村产业发展，激发农村创新创业活力。

二、生态宜居

促进人与自然和谐共生，改善农村人居环境，满足农民对美好生活特别是生态美好的向往，是实施乡村振兴战略的重要任务，事关全面建成小康社会，事关广大农民的根本利益，事关农村社会文明和谐。生态宜居反映了乡村社会主义生态文明建设质的提升，体现了广大农民群众对建设美丽家园的追求。实现乡村生态宜居要加强乡村环境建设，要求乡村发展坚持走生产、生活、生态"三生"协同的发展路径。加强农村资源环境保护，坚守生态保护红线，保护好绿水青山和清新清净的田园风光，充分科学合理地利用自然山水资源，这是乡村发展的优势和潜力所在。推进生产、生活、消费绿色化，践行保护自然、顺应自然、敬畏自然的生态文明理念。实现农业绿色发展，以生态环境友好和资源永续利用为导向，重点发展资源节约型、环境友好型产业，实现生产清洁化、产业模式生态化，提高农业可持续发展的能力。崇尚生态生活方式，治理美化乡村生活环境，使乡村成为山清水秀、充满希望的美丽乡村。持续开展农村人居环境整治行动，改善农村人居环境，以建设美丽宜居村庄为导向，加强农村的垃圾、污水治理，改善村容村貌，全面改善农村人居环境质量。生态宜居建设从城乡融合发展的意义上看，不仅体现为城乡资源利用差距、收入差距的逐步缩小，也体现为城乡居住条件、居住环境方面的差距缩小，农村优美、宜人的生态环境会成为留住农民、吸引市民的突出优势。

三、乡风文明

文明乡风是维系乡村人际关系的重要纽带，是传承历史文化的载体，更是推进美丽乡村建设的动力。乡风文明的重点是弘扬社会主义核心价值观，用社会主义先进文化占领农村意识形态阵地，弘扬民族精神和时代精神，弘扬主旋律和社会正气，树立社会新风尚，不断提高农民群众的思想、文化、道德水平，培育文明乡风、良好家风、淳朴民风，使整个乡村社会充满乡邻和睦、互帮互助的和谐氛围。加强乡村道德建设，引导农民爱党爱国、向上向善、孝老爱亲、重义守信、勤俭持家。弘扬富有乡土气息的农村优秀传统文化，深入挖掘传统民俗文化，传承中华农耕文明的思想文化；传承优秀的乡土文化，弘扬红色文化，传承红色基因塑造优秀的家风文化。坚定文化自信，创新发展传统文化，充分利用农村优秀传统文化的价值和发展潜能，运用市场化、产业化、价值化的手段，进行创造性转化与创新性发展，开发适合时代特征和农民需要的多样化、高品质文化。继承发扬传统文化美德，开展移风易俗活动，形成适合各村的乡风民俗、村规民约、传统礼仪，形成尊老爱幼、邻里和睦、遵纪守法、遵守社会公德等良好乡风民俗，形成崇尚科学文明的良好风气，提高乡村社会文明程度。加强农村公共文化建设，整合乡村文化资源，广泛开展农民乐于参与、有提高思想文化价值的群众性文化活动，丰富农民的精神文化生活。

四、治理有效

建设与社会主义市场经济体制相适应的社会治理体系、实现治理有效是乡村社会充满活力、和谐有序的重要保证。我国乡村地域辽阔，村庄类型多样，村情各不相同，乡村治理要立足国情、农情，走中国特色乡村善治之路。乡村振兴离不开和谐稳定的社会环境，要加快推进乡村治理体系和治理能力现代化。党的十九大报告明确提出，坚持自治为基、法治为本、德治为先，健全和创新村党组织领导的充满活力的村民自治机制，形成基层党组织领导、政府负责、社会协同、公众参与的多元主体共治格局。乡村治理要创新农村基层党组织建设制度、村规民约、公众参与方式、日常管理模式制度。村级党组织是乡村组织振兴的核心，必须要加强农村基层党组织建设，打造过硬的农村党员干部队伍。以现代思维、现代方法加强和改进乡村治理，以保障和改善农村民生为优先方向，树立系统治理、依法治理、综合治理、源头治理理念，确保广大农民安居乐业、农村社会安定有序。在乡村治理中，引导、组织村民主动参与治理过程，牢固树立法治意识，自觉遵纪守法，享受乡村治理成果。面对乡村发展中出现的各种矛盾和纠纷，要重视化解农村社会矛盾，从源头上预防或减少社会矛盾，做好矛盾和纠纷源头化解与突发事件应急处置工作，维护农村社会稳定。

五、生活富裕

在社会主义国家，一个真正的马克思主义政党在执政以后，一定要致力于发展生产力，并在这个基础上逐步提高人民的生活水平。建设物质文明、实现共同富裕是社会主义的本质特征，彰显了中国特色社会主义的优势。生活富裕是乡村振兴战略的目标追求，只有提高农民生活水平和质量，实现人民对美好生活的向往，才能维护乡村和谐稳定局面。乡村振兴战略对农民收入增长要有更高要求，农民生活水平要从过去的宽裕上升到富裕。习近平总书记强调，要把生活富裕作为实施乡村振兴战略的中心任务，扎扎实实把乡村振兴战略实施好。要促进农民收入持续较快增长，要综合发力，广辟农民增收渠道，建立促进农民增收的长效机制，通过发展现代农业提升农村经济、支持和鼓励农民就业创业、增强农民工务工技能、强化农业支持政策、拓展基本公共服务、提高农民进入市场的组织化程度等，多途径增加农民收入。提高农业生产效益，鼓励和引导新型农业经营主体延长农业产业链，拓宽农业经营思路，积极开发农业多种功能，加快构建现代农业产业体系，大力发展休闲观光农业、乡村旅游，打造新的农民收入增长点。加快发展乡村旅游、农产品精深加工等新产业，促进家庭经营收入稳定增长。引导农村劳动力转移就业，促进农民工工资性收入持续增长，通过户籍制度改革及其配套制度，为农民进城务工创造良好环境。稳步推进农村改革，创造条件赋予农民更多财产权利，综合运用创业投资引导、小额担保贷款等办法，落实定向减税和普遍性降费等政策，帮助他们解决融资难题、降低创业成本，带动更多农民就业。加大对农业的支持力度，扶持和帮助农民顺利创业就业。同时，把脱贫攻坚同实施乡村振兴战略有机结合起来，聚焦深度贫困地区，打好脱贫攻坚战，攻克贫困人口集中的乡村。特别关注贫困地区和特殊贫困群体，改善贫困地区发展条件，解决实际困难，激发贫困群体的内生动力，确保按预定目标贫困人口全部脱贫，为实现乡村生活富裕打好基础。2020 年 4 月，习近平总书记在陕西考察脱贫攻坚情况时指出，脱贫摘帽不是终点，而是新生活、新奋斗的起点。

乡村振兴战略总要求的五个方面是相互联系的有机整体。乡村振兴归根结底是发展问题，产业兴旺是乡村振兴的着重点，是政治、文化、社会、生态文明建设的前提，优化产业结构、创新产业体系、强化产业支撑，促进农村产业融合发展、提高产业发展质量和效益，为乡村振兴打下扎实基础。生态宜居是乡村振兴的内在要求，小康全面不全面，生态环境质量是关键，绿色是乡村产业发展、基础设施建设的基本特性，加强生态保护、加强环境问题综合治理、改善人居环境、建设美丽乡村是提高乡村发展质量和农民生活质量的保证。乡风文明是乡村振兴的动力和保障，具有凝聚力量、引领向善、规范行为的积极作用，完善农村公共文化体系、繁荣乡村文化、加强农村思想道德建设、形成乡村良好风尚是乡村治理有效、产业健康发展、农民生活富裕的精神支持，是激发乡村振兴活力的精神动力。治理有效是乡村振兴的社会基础，以党建为引领，加强基层党组织建设，强化各级党组织功能，创新基层治理方式，引导社会力量参与治理，团结和带领各方力量构筑共建、共治、共享的现代乡村社会治理体系，调动和发挥各类主体参与乡村振兴、乡村治理、乡村发展的主动性、积极性、创造性，是促进乡村改革发展和保持社会稳定的重要保障。生活富裕是实施乡村振兴战略的根本所在，是产业发展、文化建设、生态建设、社会治理的追求目标，切实提高农民的收入和生活水平，解决农村社保、教育、医疗卫生等问题，改善乡村生态、文化、社会环境，不断满足广大农村居民群众日益增长的美好生活需要，是推动乡村振兴的出发点和落脚点。以上几个方面相互影响、相互作用、共同推进，合力推动乡村振兴战略落到实处。

第二节　耕读教育的内涵特征与价值

一、耕读教育的内涵研究

对耕读教育科学内涵的把握是研究的逻辑起点。目前，国内学者对耕读教育的科学内涵主要从概念辩证、内涵特性两个方面进行探讨。

（一）概念辩证

耕读教育概念可以追溯到先秦时期，具有历史性。近年来，学者对新时代耕读教育内涵的界定，既注重从传统意义上对耕读教育的概念进行梳理和回顾，也对其新的时代内涵进行了探讨。

第一，从传统意义上看，字面意思的耕读教育就是一些古代知识分子为满足自己的需求，一边到田间劳动耕作，一边利用空余时间读书学习，耕读教育是农业生产与文化教育的结合。耕读教育是一个关涉农与士、术与道、行与知、物质与精神、生产生活与政治文化、哲学艺术等多维度及多层面的丰富的文化概念。

第二，从新的时代内涵看，周维维认为耕读教育是一个现代教育概念，它依托中华优秀传统耕读文化的内容资源，通过现代教育技术，培养新时代德智体美劳全面发展的社会主义建设者和接班人，从本质上看是一种融国情教育、思政教育、生态教育、专业教育和劳动教育于一体的教育模式。亦耕亦读、耕读并重、知行合一、理论联系实际的教育方式认为耕读教育是一种涵盖情怀使命、价值追求、内外兼修、生命与人文艺术的终身教育。涉农高校的耕读教育既是农业知识学习也是农耕文明学习，既是理论学习也是劳动实践教育，最终目的是培育热爱农村并愿意扎根基层的当代农村建设者。

（二）内涵特性

目前，学术界对新时代的耕读教育内涵还未达成一致性认识。对耕读教育应包括的内容作出内涵界定，以彰显耕读教育的内在特性。

1. 思想性

新时代耕读教育是家国情怀和"三农"情感教育，耕读教育旨在让涉农院校学生更具担当精神，要让学生能够在农业里找到人生坐标、追求事业发展升华价值情感，自觉做到与祖国同行、为人民奉献。耕读意识是耕读教育内涵的重要组成部分，要加强对学生自强不息、积极向上等精神的培养。

2. 实践性

新时代，耕读教育需要培育"创造时代"的实践观。耕读教育的新内涵应包括创造和实践能力教育，要让人们真正知农爱农，耕读教育就必须在培育学生吃苦精神、奉献精神与勤俭节约意识的同时，注重学生知行合实践观念的养成。新时代耕读教育具有实践内涵、价值内涵、思想内涵三重内涵，并将实践内涵放在首位，指出耕读教育就是要改变实践教育薄弱的短板，把"劳"与"育"相结合，推动涉农人才培养方式的转变。

3. 文化传承性

农耕文化是中华优秀传统文化的重要组成部分。开展耕读教育，是弘扬我国耕读传家优秀传统文化的重要抓手。农耕文化是中华优秀传统文化的母体与本源，新时代耕读教育能够传承以农耕文化为代表的中华优秀传统文化。要将耕读文化的传承与创新融入耕读教育实践，让耕读文化在新时代获得新发展。

由上可知，现有研究对耕读教育的科学内涵进行了多维度阐释，在内涵特质上达成了一定共识，为进一步深入研究奠定了良好基础。

二、耕读教育的意义研究

新时代耕读教育是弘扬我国耕读传家优秀传统文化的重要抓手，是创新人才培养模式的重要载体，也是全面推进乡村振兴和加快农业农村现代化的有力保障。关于耕读教育的意义研究，学者们主要围绕以下角度展开。

（一）育人价值

耕读教育具有树德、增智、强体、育美等综合性育人功能。针对涉农院校学生发展，新时代耕读教育对涉农高校人才培养的指导意义，表现为对学生知农爱农价值观的塑造；在智育方面，表现为对学生专业知识学习和实践带来的理论创新；在体育方面，主要表现在为从事一线生产实践的学生带来强健体魄；在美育方面，表现为能够让学生发现和欣赏乡村之美、劳动之美；在劳动教育方面，则是让学生参与带有农业特色的劳动实践。耕读教育具有重要的教化作用和育人价值，涉农院校开展耕读教育有助于学生的全面发展，有助于形成健全人格。开展耕读教育有助于增强学生强农兴农的责任感和使命感。高校开展耕读教育是新时代思想政治教育创新的应然之策、实然之义和必然之举。

除对涉农院校耕读教育育人价值的分析外，部分学者还探讨了耕读教育的一般性育人价值。耕读教育是做人之根，对学生的智慧开启、做人做事、身心健康和对美的认知都具有重要意义。

（二）强国意义

乡村振兴，关键在人。全面推进乡村振兴，人才是重要的支撑力量。耕读教育是推进乡村振兴战略的重要支撑，涉农高校结合自身发展实际开展耕读教育，能够增强乡村人才需求与高校人才供给的匹配度。基于乡村振兴战略实施视角，农耕文化对乡村振兴的意义在道法自然、天人合一的生态智慧契合乡村振兴的绿色发展需要，天道酬勤、力耕不欺的自强精神契合乡村振兴的品格需要，出入相友、守望相助的互助精神契合乡村振兴的合作需要，耕读传家、诗书继世的人本精神契合乡村振兴的责任需要。耕读教育是助力乡村振兴的新模式，耕读所倡导的情感教育能够促进乡土人才回乡、反哺农村；所倡导的劳动教育能够促进乡村形成崇尚劳动的氛围；所倡导的审美教育能够促进美丽乡村的实现；所倡导的道德教育能够促进乡风文明建设。

（三）文化传承

习近平总书记强调，农村是我国文明的发源地，耕读文明是我们的软实力。开展耕读教育对于传承中华优秀传统文化具有重要意义。耕读教育在我国传统教育和人才培养体系中历史悠久，不仅是传承弘扬中华优秀传统文化的必然要求，也对坚定文化自信、弘扬社会主义核心价值观具有重要作用。开展耕读教育是赓续耕读文化的依托，也是实现家校共育、传承中华优秀传统文化的必然之举。

总体来看，耕读教育对于人才培养、强国任务、文化传承具有重要意义，三个方面具有内在一致性。此外，部分学者以问题为导向对耕读教育的必要性进行分析。开展耕读教育有助于改善农业类职业院校现存的就业率和创业率问题。耕读教育有助于改变高等农林教育面临的地位下降、吸引力不足、布局不合理和模式不优等问题。健全耕读教育体系对于农林高校课程思政建设具有独特意义。

第三节　乡村振兴中农民的持续教育

中华民族自古就以农立国，以耕读传家"耕以养身，读以明道"，历史上，"耕""读"的关系虽历经变迁，但千百年来，耕读传家仍然是中国人安身立命的理想方式和治家之本。进入新时代，随着乡村振兴战略的提出，"耕"与"读"再次紧密相连，耕读教育是对耕读文明的延续与传承。但与传统的农耕社会不同，现代社会个体通过农耕劳动满足生计的基本需求在逐渐削弱，但耕读文化作为中华民族宝贵的文化遗产，所蕴含的品德培育、情怀塑造的价值却得到进一步的凸显。

耕读教育是耕读传家优秀传统文化在新时代的创造性转化和创新性发展。加强耕读教育，为耕读文化注入时代内涵与精神，是在新的时代条件下传承和弘扬中国传统耕读文化的重要举措，也是历史赋予的时代使命。构建新时代耕读教育体系，其核心是将耕读教育融入农民人才培养体系和培养过程将耕读教育与思想政治教育、理论知识教育、科技创新教育、文化艺术教育、社会实践教育等教育内容有机结合，充分发挥耕读教育树德、增智、强体、育美的综合育人价值，构建具有新时代耕读教育特色的知农爱农人才培养体系。为此，应着力构建"三融合"的耕读教育体系。

一、耕读教育与思政教育相融合

新农民教育要将耕读教育作为落实"立德树人"根本任务、强化知农爱农情怀教育的重要抓手。深入挖掘我国农耕传统文化所蕴含的精神、价值、追求与理念，通过五千年农业文明和农耕文化的传承创新，向农村青年展示中华民族的独特精神，深化农村青年的"三农"价值塑造和"三农"情怀教育。为农耕文化注入新时代内涵和精神，传承、重塑新时代农耕文化，焕发其生命力，增强其影响力。与此同时，要深入探索"耕""读"结合的新模式，让学生走进农业生产一线，实地参与农耕劳动，树立劳动观念丰富劳动体验、增强劳动品质。要让学生走入乡村、走近农民，感悟乡村、感知乡音，历练和锻造学生心系"三农"、情牵"三农"、行为"三农"的责任与情怀。

二、耕读教育与专业教育相融合

新时代的"耕读"是与现代农业科技发展紧密结合的，是与现代农业生产方式紧密结合的，是理论与实践教学紧密结合的，这是耕读教育鲜明的时代特征。对涉农教育而言，不能将耕读教育课程教学与实践与专业教育相割裂，耕读教育不仅是传承耕读传统文化、推动"勤耕重读"的教育方式，更是立足服务农业农村现代化发展，面向未来农业科技发展，通过耕读教育与专业教育的融合与碰撞，增强涉农人员专业学习的使命与动力，提升涉农人员解决农业农村现代化进程中存在的各种复杂问题的解决能力，激发广大青年献身农业农村现代化伟大事业的信心与决心。

三、耕读教育与文化教育相融合

耕读教育不是简单开设几门课或者参加几次劳动实践教育就能够实现的。耕读教育也不只是教务部门的工作。深入开展耕读教育，充分发挥耕读教育树德、增智、强体、育美综合育人价值，需要充分发挥教育作为传承优秀传统文化主阵地的作用，需要充分调动各部门的力量，构建凸显耕读文化的校园文化环境，深度融合大学第一、第二课堂，提升耕读文化课程和传统文化课程质量，激发学生对于中华优秀传统文化包括耕读文化强烈的认同感，通过潜移默化的方式实现传统文化精神传承与"三农"情怀融合，厚植青年的家国情怀，进而塑造青年深厚的文化素养与健全人格。

第四章　乡村振兴战略中农民人才振兴

第一节　新时代乡村人才振兴的概念内涵

人才资源是第一资源。研究新时代乡村人才振兴，几个基本而深层次的问题是要搞清楚什么是人才，乡村振兴中需要什么样的人才，如何培养造就一支懂农业、爱农村、爱农民的"三农"工作队伍。明确解答这一系列问题，对于实现产业兴旺、生态宜居、乡风文明、治理有效、生活富裕的总要求，推进农业农村现代化，实现乡村振兴战略总目标起着重要的前提性、基础性作用。

一、人才的概念

对人才的理解界定，时代不同、地区不同都会产生不同的看法，所以人们一直在不停地探索如何给人才定一个科学的含义。通常对人才含义的认识主要表现为以下几方面。第一，从人才的语义角度，对人才的解释是有美丽外貌的人，或是德才兼备的人。第二，从人的要素论角度，人才应该具备知识技能、创造性劳动及社会贡献三个要素。第三，从资源论角度，人才是一种已开发或待开发的资源。人才资源开发是经济社会可持续发展的最终基础，人才资源具有其他资源和生产要素所不具备的可无限开发性。第四，从素质论角度，人才应具备较高的素质条件和对应的能力要求。

对于乡村人才而言，指长期生活、工作在乡村的各类人才，主要包括农村生产、科技、教育、文化、卫生、经营、管理等方面的人才，属于新时期的职业农民范畴。这从人才的标准和功能性方面给乡村人才进行了界定，具体来说，乡村振兴中的人才需要满足三个方面的条件：一是长期在农村生活、工作；二是与农村发展相关的人才；三是从职业归属来讲，属于职业农民。

二、人才的本质内涵

逻辑学认为，概念是人脑反映事物及其本质属性的思维形式，它是客观事物在人脑中的反映。逻辑学上传统的常用定义方法是通过邻近的"属"加"种差"给概念下定义。"人才"，作为一个概念，它的"属概念"是"人"，其邻近的"种概念"是"一般人"或"普通人"。认识和把握人才的本质是正确定义人才的重要前提。随着中国特色社会主义进入新时期，过去长期使用学历、职称作为人才统计标准的局限性日益凸显，人们逐渐认识到，学历和职称并不能完全代表一个人的能力，也不能代表他为社会做出的贡献，更不能代表他能推动社会进步，尤其是推动乡村振兴。不能局限于过去的人才概念，要根据时代要求、能力导向、业绩导向等因素，真正造就一支懂农业、爱农村、爱农民的新时代乡村"三农"人才队伍。区分人才与非人才就在于他的特有的本质，只有充分认识人才的本质内涵，才能有效地对乡村振兴中的人才队伍建设采取针对性的举措。

（一）人才具有创新性

创新是人才区别于普通人的关键特征，人才能够在继承前人优秀成果的基础上，经过艰苦探索，创造出新的成果。创新精神、创造能力、创造性劳动、社会贡献大等特质构成了人才与普通人最基本的区别。实现乡村振兴关键在人才，关键在创新型人才。世界新一轮科技革命和产业变革孕育兴起，催生出一系列颠覆性科学技术和重大产业变革，创造出越来越多的新产品、新需求、新业态，对乡村振兴既是机遇又是挑战。培养并造就一支懂农业、爱农村、爱农民的"三农"工作队伍，使其不仅具有一定的专门知识和实践能力，而且具有某种创造性能力；能在实践中进行具体的创造性劳动，为农村"物"的现代化和"人"的现代化做出新贡献。

（二）人才具有时代性

每个时代都有属于这个时代的人才。人才具有一定历史时期的属性。人才是社会的人才，人才在社会生活中总是与一定的社会关系相联系，总是要受到一定的社会关系所影响。人才发挥自己的作用不仅需要时代赋予的条件，而且需要得到社会的承认，乡村人才的引进、培育、使用，关键还要能"留得住"，这样才能保证乡村的可持续发展。乡村不仅要给人才创造良好的物质环境，也要创造和谐的人文环境，使人才在推动产业兴旺、生态宜居、乡风文明、治理有效、生活富裕中发挥重要作用。

（三）人才具有专业性

不同类型的人才都必须具备某一专门领域的基础理论、基本技能、基础知识，并能够运用专门知识、专业技能来解决相关领域、相关专业的理论与实际问题。显示度和区分度构成了人才的专业性的特点。乡村振兴战略作为新时代"三农"工作的总抓手，在乡村人才工作方面，要处理好本地人才和外引人才的关系，充分发挥新型职业农民、农村干部队伍、农业科技队伍、新乡贤队伍各自服务农村发展的专业性。乡村人才在某一专业领域中发挥的独特作用，能使农村在政治、经济、文化、社会、生态等方面全面提升。

（四）人才具有层次性

人才的层次性指人才的素质和创造的成果存在高低差别。由于人才所处的环境、成长经历、教育等条件不同，因此，人才在本领和贡献方面有差异。但是实际上，总听见有人说"高手在民间"，有的人虽没受过高等教育但也能成为某一领域的人才，所以专家是人才，农村的种植能手也是人才，两者的区别只是层次不同。在乡村振兴的人才队伍中，既需要领军人才、骨干人才，又需要大量的普通人才，形成各层次相互配合、优势互补、能量交换、协同创新的乡村人才振兴团队。

三、人才的类型

农村有广阔天地，需要激励世界的人才到农村施展才华。在推进乡村人才振兴的过程中，只有充分认识乡村人才类型，才能聚揽人才、培育人才、留住人才，使人才活力得到释放，推进新时代的乡村振兴。

（一）按职业类别分类

人才按其职业类别可分为管理人才、经营人才、专业技术人才等。乡村振兴包括产业振兴、人才振兴、文化振兴、生态振兴、组织振兴的全面振兴，是"五位一体"总体布局、"四个全面"战略布局在"三农"工作上的体现。根据不同的职业属性，对人才实行分类指导、分层管理、针对性的建设，形成人人渴望成才、人人努力成才、人人皆可成才、人人尽展其才的良好局面，充分发挥人才在农村经济建设、政治建设、文化建设、社会建设、生态文明建设和党的建设方面的重要作用。

（二）按对农村认知构成分类

人才按其对农村认知构成可分为老农、新农、知农。老农指长期扎根于乡村，有着深厚的乡村情怀，最熟悉乡村的基础情况，最清楚要建设一个什么样的乡村的一类人，需充分激发老农群体投身乡村振兴的激情与热情，不断提高老农的综合素质与能力。一般来说，老农成为农村实用人才，还需要经过一个系统化学习、培养成长的过程。新农指那些具备良好的专业知识，又有志向投身乡村创业的新型职业农民，包括家庭农场主、种植养殖大户、农民专业合作社社长等各类新型农业经营主体。他们在生活中具有一定的素质和特定的能力，他们对返乡创业还持观望态度，有待在培育中成为新型职业农民。知农指那些经历过系统化的高等农业教育的专业人才。在高校农科类专业中，探索公费农科生招生试点，培养更多农业定向人才。这里还包括"新乡贤"，这些人才能从事某种创造性劳动，要为他们创造良好的政策、人文等环境，吸引他们爱农村、留在农村。在乡村人才振兴中，既要重视对老农的开发与培养，让他们早日成为农村发展所需人才；又要加强对各类新农的培养，为他们成为新型职业农民创造条件、提供帮助、优化服务；更要重视对知农的适才适用，优化配置，为他们开展创造性活动搭建平台，为实现宏伟蓝图发挥更重要的作用。

（三）按功能类型分类

人才按其功能类型可分为理论型人才、技能型人才、复合型人才。人是社会发展的重要推动力量，乡村的发展离不开乡村人才队伍的发展。人才匮乏，一直是影响和制约"三农"发展的瓶颈。在农村发展中同样需要理论型、技能型、复合型等不同类型的人才推进乡村建设。理论型人才是研究"三农"理论、在农村产业发展中具有顶层设计才能的人才；技能型人才是在农村科技领域进行技术革新、发明创造的人才；复合型人才是在实施乡村振兴战略中，既有扎实的理论知识和研究能力，又有实际的动手操作技能和创新能力的人才。在实际工作中，理论型人才要理论联系实际，为实际工作提供科学决策、创新理念和发展思路，技能型人才在实际工作中要培养自身的理论素养，复合型人才要发挥"统筹"和"统协"的能力，如此，理论型人才、技能型人才和复合型人才才能各展其长，优势互补，在解决"三农"问题上发挥更好的作用。

第二节　新时代乡村人才振兴的地位和作用

《中共中央　国务院关于实施乡村振兴战略的意见》提出，实施乡村振兴战略，必须破解人才瓶颈制约。要把人力资本开发放在首要位置，畅通智力、技术、管理下乡通道，造就更多乡土人才，聚天下人才而用之。这一论述充分说明了人才在乡村振兴中的重要战略地位，也是乡村振兴的重要战略资源。乡村人才振兴是实现农业农村现代化的要求，是实现乡村振兴的要求，是完成其他乡村振兴任务的要求，是实现"两个一百年"奋斗目标的要求，也是中国共产党长期执政的要求。乡村人才振兴为推动"三农"工作提供人才支撑，有利于激发农村劳动力的活力，有利于农村资源科学有效地被开发利用，有利于提高农民的收入水平，有利于协调其他方面的振兴，从而有力地推动农业农村现代化进程。

一、新时代乡村人才振兴的重要地位

人才是人类财富中最宝贵、最有决定意义的财富。习近平总书记强调，国家发展靠人才，民族振兴靠人才。当前，我国发展中不平衡不充分的问题仍然比较突出，人口、资源、环境面临的挑战依然严峻，经济发展质量和效益还不够高。有效应对这些问题和挑战，离不

开科技进步和科学管理，离不开创新驱动发展，归根结底都要靠人才。人才问题关系一个国家的盛衰、一个民族的兴亡。把人才振兴放在乡村振兴的首要位置，让愿意留在乡村、建设家乡的人留得安心，让愿意"上山下乡"、回报乡村的人更有信心，打造一支强大的乡村振兴人才队伍，对实施乡村振兴战略与打赢脱贫攻坚战、推动农业农村现代化、全面建成小康社会、实现"两个一百年"奋斗目标等具有重要的意义。中国特色社会主义乡村振兴道路任重而道远，人才的作用至关重要。中国特色社会主义乡村振兴道路建设中诸多发展难题需要人才去探索与解决。实现乡村人才振兴是坚定不移走中国特色社会主义乡村振兴道路的要求。

（一）乡村人才振兴是实现农业农村现代化的要求

人才是实现农业农村现代化的主体，没有农业农村现代化，就没有整个国家现代化，中国要强，农业必须强；中国要美，农村必须美；中国要富，农民必须富。我国将长期处于社会主义初级阶段，区域发展不平衡是我国最大的国情，不同区域的经济社会发展水平有高有低，区域发展不平衡的国情决定了我国现代化进程中不能忽视农业农村现代化建设，即要正确处理好工农关系、城乡关系。将实现农业农村现代化作为实施乡村振兴战略的目标，要特别注重在乡村振兴建设中发挥人才的作用，使人才在推进农业农村现代化进程中人尽其才，才尽其用，全面建设社会主义现代化国家。人才是实现农业农村现代化的重要力量，而实现农业农村现代化在"五位一体"总体布局、"四个全面"战略布局中占据重要地位，要达到这样的发展目标，农业农村现代化的各项要素最终需要人才来管理实现。没有人才的乡村振兴只是一句空话，农业农村现代化的进程必定会受到影响，整个国家的现代化就难以实现，抛下农村的现代化，也不符合党的宗旨、社会主义的本质要求。

（二）乡村人才振兴是实现乡村振兴的要求

乡村振兴不是坐享其成，等不来、也送不来，要靠广大农民奋斗。实施乡村振兴战略，要培养并造就一支懂农业、爱农村、爱农民的"三农"工作队伍。有了人才，乡村振兴才有动能；有了人才，乡村振兴才有底气。改革开放以来，伴随着工业化和城镇化的快速推进，大量乡村家庭实际上仅剩下未成年人和老年人留在农村，农村的人口结构逐渐呈现出"空心化"特点，越来越多的乡村劳动力选择进城谋求发展，特别是青壮年人群的流失，造成乡村人才长期处于"失血""贫血"状态，已不能满足乡村振兴的要求。人才兴则乡村兴，人气旺则乡村旺，乡村振兴离不开人才这一重要战略资源。因此，乡村振兴不仅要关注高精尖的农技、管理人才，也要重视"土专家""田秀才"等乡土人才。既要"筑巢引凤"引进外来人才，也要就地孵化本土人才。尊重人才培养规律，创造优良的引才、用才、留才环境，为人才更好地在乡村发挥技能、带强产业、带动致富铺路架桥，使各类人才在乡村振兴中发光发热。实现乡村振兴战略需要人才的支撑，这也是对乡村人才振兴的保障，乡村振兴让农业成为有奔头的产业，让农民成为有吸引力的职业。一方面，人才不仅服务于乡村振兴；另一方面，乡村振兴也为人才提供广阔的空间。

（三）乡村人才振兴是完成其他乡村振兴任务的要求

习近平总书记针对实施乡村振兴战略提出了实现乡村产业振兴、人才振兴、文化振兴、生态振兴、组织振兴的重要任务。人才振兴是"五大振兴"的重要组成部分，同时又在"五大振兴"中具有非常特殊的地位。人才振兴与产业振兴关系密切，产业振兴就是要培养、吸引更多人才构建乡村产业体系、实现产业兴旺、带领农民过上好日子；人才振兴是文化振兴的前提，没有人才振兴就无法推进乡村文化的繁荣发展；人才振兴是生态振兴的基础，有了人才的支持和努力，才能转变农村经济发展模式，坚持人与自然和谐共生，走乡村绿色发展之路；人才振兴是组织振兴的关键，党的力量来自组织，组织能统筹协调更多人才参与到农村建设中来，统筹城乡一体建设，破解城乡二元对立格局，让更多人才在农村的广阔舞台上充分发挥自己的聪明才智。

（四）乡村人才振兴是实现"两个一百年"奋斗目标的要求

习近平总书记在多个场合都强调要树立人才意识，有针对性地解决人才发展中的问题，高度重视高素质人才队伍的建设，以此来促进

"两个一百年"奋斗目标的实现。乡村人才振兴是各项振兴战略顺利实施的第一资源。只有紧紧牵住人才这个"牛鼻子",才能保障乡村振兴战略顺利实施。如果人才振兴战略得不到有效实施、人才作用得不到充分发挥,其他各项振兴也将举步维艰、收效甚微。"两个一百年"奋斗目标、中华民族伟大复兴的中国梦,成为引领中国奋进的时代号召。从实施乡村振兴战略的时间表上看,党的十六大提出,21世纪头20年要全面建设惠及十几亿人口的更高水平的小康社会,这个时间节点就是2020年。全面建成小康社会是我国社会主义现代化进程中的一个重要里程碑,因此,要让乡村尽快赶上国家现代化的步伐,让农民能够享受到社会发展进步带来的实惠。乡村人才振兴对推动全体人民共同富裕起到了至关重要的作用。的确,农业强不强,农村美不美,农民富不富,关乎亿万农民的获得感、幸福感、安全感,关乎全面建成小康社会全局。要不断吸引、培育新时代"三农"人才工作队伍,以乡村人才振兴为建设社会主义现代化强国汇聚巨大力量。

（五）乡村人才振兴是中国共产党长期执政的要求

农村是我国的"神经末梢",是中国共产党长期执政之基。中国共产党历来高度重视人才工作,在中国革命、建设和改革的历程中集聚了大量的人才队伍,2002年首次提出"实施人才强国战略",党的十九大把"人才强国战略"作为七大战略之一,大量的人才为中华民族伟大复兴奉献着自己的力量。"三农"向好,全局主动;把解决好"三农"问题作为全党工作重中之重,是党执政兴国的重要经验,必须长期坚持、毫不动摇。农村兴则国家兴,农村强则国家强,创新农村人才工作,就是要培养并造就一支懂农业、爱农村、爱农民的"三农"工作队伍。中国共产党自诞生以来,就把实现中华民族伟大复兴作为自己的历史使命,把人民对美好生活的向往作为自己的奋斗目标,把实现共产主义作为自己的最终目标和最高理想。而这些目标和使命,不是一蹴而就、敲锣打鼓、轻轻松松就能完成的,需要一代代中国共产党人和中国人民对优良传统的传承、坚持不懈的长期努力、高瞻远瞩的战略安排及切实有效的贯彻执行等。人才是第一资源,千秋基业，人才为先。中国共产党要致力于长期执政，必须建好农村基层党组织，要加强基层党组织建设，选好配强党组织带头人，发挥好基层党组织战斗堡垒作用，为乡村振兴提供组织保证。中国共产党有500多万个基层党组织和9800余万名党员，正是这些基层党组织和党员，成为中国共产党执政之基、中国特色社会主义的宏伟力量，也是实现乡村振兴的主力军。一方面，不断加强党的先进性和纯洁性建设，夯实农村基层党组织的战斗堡垒作用；另一方面，必须致力于培养能够担当民族复兴大任的"三农"工作队伍，为中国共产党长期执政培养坚实可靠的基层力量和建设人才。

二、新时代乡村人才振兴的重要作用

人是推动社会发展进步的决定力量和推动力量，乡村人才是乡村发展的重要力量，有了人才的推动，乡村振兴才能全面协调有序推进，实现全面振兴。食为政首，农为邦本。近年来，我国农业现代化稳步推进，农民收入持续增长，但是我国农村基础仍然薄弱，农村发展仍然滞后，农民收入仍然不高。在新的历史条件下，农业在国民经济中的基础地位没有变，农民是最值得关怀的最大群体的现实没有变，农村是全面建成小康社会的短板没有变。习近平总书记立足于我国基本国情对农村提出了一系列重要论述，他指出实现中国梦，基础在"三农"，没有农业现代化，没有农村繁荣富强，没有农民安居乐业，国家现代化是不完整、不全面、不牢固的。这些宏伟蓝图的实现、目标的达成，都需要人才在乡村振兴中发挥积极的作用，稳住农村、安定农民、巩固农业，巩固脱贫攻坚成果，巩固全面建成小康社会成果，推动农业农村现代化，实现更好、更长远的发展。

（一）乡村人才振兴为推动"三农"工作提供人才支撑

农村不稳定，就没有全国的稳定；农民不小康，就没有全国人民的小康；农业不现代化，就没有整个国民经济的现代化。稳住了农村，就有了把握全局的主动权。中国共产党历来重视农村工作，中共中央在1982—1986年连续五年发布以农业、农村和农民为主体的中央一号文件。党的十八大以来，面对错综复杂的国内外经济环境、多发频发的自然灾害，党中央始终把解决好"三农"问题作为全党工作的重中之重。"三农"工作的落实离不开人才的支撑，相当多的农民以工兼农或以农兼工，在农忙时回家帮忙一两个月，平时都在城里打工。农村长期处于"失血""贫血"的状态，无法有效推进"三农"工作的落实，更别说实现乡村振兴和推进农业农村现代化了。所以，必须破解人才瓶颈制约，充分挖掘乡村人才的老农、新农、知农，引导各类人士投身乡村建设，推进新形势下的"三农"工作，建设一支懂农业、爱农村、爱农民的"三农"工作队伍。

（二）乡村人才振兴有利于激发农村劳动力的活力

改革开放以来，城镇化得到不断推进，大量农村劳动力从农村转移到了城市，使得大量农村留守家庭实际上仅剩下未成年人和老年人，农村的人口结构逐渐呈现出"空心化"特点，这一现象不仅造成乡村经济缺乏活力，也导致了"留守儿童"等一系列社会问题。引入社会各界各类人才有利于解决农村发展的短板，同时可以激发现有的农村劳动力干事创业的热情。目前，由于农村工作岗位缺乏，大量农村剩余劳动力流向城市，但是即便这样，农村劳动力资源浪费情况仍比较严重。农村劳动力中大多文化程度偏低，也没有掌握相应技术，只能靠出卖劳动力谋生，有的工作缺乏连续性或人岗不匹配，也大大浪费了农村劳动力，产生这一现象的原因与农村产业不兴旺、不能给农民提供合适的工作岗位不无关系。要改变这一现状，加强农村基础设施建设、管理建设，需要引进人才为乡村发展出力，而这批人才又能带动那些既扎根农村经济发展土壤，又具备经营管理能力的当地相关人才的干事创业的热情。在他们的带领下，剩余劳动力被组织起来，参与到有组织的生产活动中，使劳动力资源得以有效整合，让人"流"入乡、留在乡，让钱"流"进村，让地"活"起来，为乡村振兴"强筋健骨、输血造血"。

（三）乡村人才振兴有利于农村资源科学有效开发利用

环境就是民生，青山就是美丽，蓝天也是幸福。良好生态环境是农村的最大优势和宝贵财富。农村拥有大量的自然资源，但是要遵循乡村的发展规律，这就需要有一支能对农村资源进行科学合理规划利用的"三农"工作队伍。目前，农村所拥有的独特自然资源得不到有效开发利用，且为解决农产品供应问题，农村的资源和生态环境遭到了大量破坏，这与缺乏相应人才密切相关。拥有人才，绿水青山才会变成金山银山。因此，乡村要振兴，就必须依靠这些掌握知识和技术的人才，对乡村自然资源进行挖掘利用，以形成富有当地特色的物质产品或文化产品，让更多的人认识、了解，并接受。改革开放以来，很多农村能够实现脱贫致富，在很大程度上与此有关，即当地人能够利用其特色资源发展特色产业和特色旅游业，形成当地的品牌文化，吸引大量消费者。充分发挥互联网的作用，通过政策鼓励与扶持，抓住机遇吸引更多人才参与乡村振兴建设，在大潮中共同发展。同时，不能忽视当地村民对于农村资源开发的重要性，他们也是农村资源的重要组成部分，与自然资源有着密切关系，具有整体性、不可分割性，必须进行整体开发才能实现其最大价值，充分发挥当地村民的积极性、主动性，技术人才须与村民一起，共同出点子、想对策，将农村的自然资源转化为巨大的物质财富与精神财富。

（四）乡村人才振兴有利于提高农民的收入水平

乡村振兴的一个重要目标就是农民收入水平进一步提高，这是解决"三农"问题的重要举措。要大力促进农民增加收入，不要平均数掩盖了大多数，要看大多数农民收入水平是否得到提高。加快农村农业发展，就要紧紧抓住以乡村人才振兴促进农民收入增加这一重要任务。首先，农民的收入与其自身的农业科技水平和综合素质密切相关，因此，要鼓励那些拥有农业科技知识的乡村人才，为农民提供相应的知识与技能培训，使其能够掌握农业技术知识和致富本领。其次，发挥"致富能人"的榜样作用，在增强农民的自信心、调动农民生产积极性的基础上，鼓励他们学习先进技术、改革生产方式、提高生产力水平，实现增产增值、脱贫致富。增加农民收入，要构建长效政策机制，通过发展农村经济、组织农民外出务工经商、增加农民财产性收入等多种途径，不断缩小城乡居民收入差距，让广大农民尽快富裕起来。要积极有效地给农民创造多途径的增收来源，通过增强农民务工技能、提高农民进入市场的组织化程度等构建农民增收的长效机制。农业发展的根本出路在科技，习近平总书记指出，要给农业插上科技的翅膀，加快构建适应高产、优质、高效、生态、安全农业发展要求的技术体系。科技含量的高低直接关系农作物产量的高低，直接影响农民收入，要让农民"知科""用科""爱科"，大力培养农业科技人才，充分利用各种农业科技，提高农业生产力。

（五）乡村人才振兴有利于协调其他方面的振兴

推动乡村振兴离不开人才的重要作用，要把人才振兴摆在首要位置，既要发挥人才振兴的"统领"作用，又要发挥人才振兴的"统协"作用。产业振兴离不开人才振兴，产业振兴不能鼓了钱袋而空了脑袋，因此，必须有文化振兴；产业振兴也不能只讲发展而不保护生态环境；要把这些"振兴"都变成广大农民群众的自觉要求和行动，就离不开以党组织为核心的村级组织的带动。所以，以人才振兴为抓手，统筹协调其他方面的振兴，不断培育乡村发展新动能、培育可持续发展能力、重塑乡村内在精神、打造乡村生态新格局、夯实乡村治理基础，不断激活存量，扩大增量，提升质量，为乡村振兴注入源源不断的活力，为实现乡村振兴而努力奋斗。

第三节　高素质农民培养未来展望

针对当前农民素质培养存在的不足之处，下一阶段关于耕读教育的实践与研究应重点关注以下三个方面。

一、深化理论研究，为新时代耕读教育提供内容滋养

耕读教育内容的明确、充实与完善是提升教育实效的前提。新时代背景下耕读教育"耕"什么、"读"什么的问题，需要学者们聚焦研究。在文化传承角度，要在诗歌、家训、农具等载体中挖掘我国耕读传家优秀传统文化，深刻阐释农耕文化对中华传统美德的价值塑造。在育人价值角度，根据不同学段"五育"要求，不同专业人才培养要求针对性构建耕读教育内容，充实耕读教育教材体系。在推进乡村振兴和社会主义现代化耕读内涵，创新耕读教育内容，助力乡村振

兴人才培养。

二、提升问题意识，加强实证研究

耕读教育研究在加强宏观理论阐发、现象评价、经验介绍的同时，还应注重具体问题的实证研究，从中探寻耕读教育的内在规律。特别是耕读教育一线工作者，应根据实际问题确定选题，设计问卷收集数据，实证检验并得出结论。以问题为导向，通过实证研究找到解决思路，并在实践中调整策略，推进理论研究深度，促进实践取得实效。

三、加强系统观念，拓宽实践领域

一方面，耕读教育具有教育的一般性，在实施过程中应遵循教育的一般性规律。教育应包括学校教育、家庭教育和社会教育，三者缺一不可，耕读教育应拓宽实践领域，形成育人合力。另一方面，耕读教育又有其特殊性比如对技能、场所有特殊要求。因此，在拓宽实践领域的探索中，应注意以下两点。第一，耕读教育要做出层次性区分。不同学段的耕读教育要遵循学生成长规律，防止出现"低学段学生的耕读教育作业由教师和家长去完成"的情况。第二，要因地制宜、因校制宜、因家制宜，保证耕读教育落到实处。在以往的实践中，除涉农院校外，普遍存在着耕读教育实践难题。因此，应拓宽形式、加强合作，协同联动推进耕读教育实施。

第五章 新时代农民教育的总体思路

第一节 新时代农民教育现状与面临的问题

长期以来，我国涉农教育坚持教育与生产实际相结合，为耕读教育改革和实践做出了重要贡献，一批批优秀人才不断投身我国农业农村现代化建设，但随着时代的不断变化，耕读教育这一系统工程仍存在一些不足。

一、顶层设计不系统，思想认知存在一定偏差

社会经济的飞速发展伴随着现代化进程的不断推进，人们在追求便捷高效的现代化生活的同时，自然而然地在思想和情感上逐渐远离农村和农业生产，淡忘甚至是轻视耕读教育。与此同时，随着社会分工和产业发展的不断演变，一线的生产实践往往被人们认为是廉价的、低效能的工作不断被轻视。各级政府在开展耕读教育工作时，碍于各种实际情况，往往形式大于行动，缺乏科学、全面、系统的顶层设计，工作开展存在单一化、片面化现象，不能产生实际成效，更谈不上建设长效机制。

二、师资力量不充足，实践育人环节有待加强

教师队伍是开展耕读教育的首要因素和关键力量。育人者，先育己。目前，部分教师在开展耕读教育时，受教学环节、场地等的限制以及交流融合的缺乏，开展耕读教育的意愿并不强，使高校耕读教育在一定程度上存在育人与实践脱节的现象，甚至产生反向作用。传统课堂教学与"三农"实际联系不够紧密，学生发现问题、分析问题和解决问题的能力明显不足，同时，不能真正从学农中爱农，往往只是经历了前期的复杂困难，而没有体验到其产生的价值和个人从中得到

的成长，这也是很多农村青年成人之后，不愿将农业农村纳入个人就业创业考虑因素的重要原因之一。

三、学习内容不充实，校园文化建设仍需完善

农村教育注重第一课堂与和第二课堂联动相辅相成。第一课堂以教材和课程为主要载体。因此，耕读教育的相关理论教学资源必须是丰富充实的，相关课程设计应该是科学合理的，教学方式应该是灵活多变的，但从目前来看，涉农教学在课程和教材方面，比较明显地存在"三农"知识体系不完整、理论知识传统陈旧、教学实践环节适配度低等问题，导致人们学习兴趣低，有的农民甚至有些抵触情绪。第二课堂以校园文化和学生活动为主要载体，涉农高校在推进耕读文化进校园方面取得的成效并不显著，虽然传统的、均质化的文化活动十分普遍，但涉农高校特点和专业特色不够凸显，校园文化氛围不够浓厚。

四、保障机制不健全，高效正向反馈尚未形成

涉农教学在耕读教育实施过程中，缺乏对人力、物力、财力的重点保障和专项支持，教学场所和设施等条件有限，专项改革的关注度和扶持力度远远不够，现有的劳动教育"三农"服务定位不突出，大型活动无法有效走入教学实践当中，教育实效不明显。同时，涉农高校尚未形成针对耕读教育的专项引导和督察机制，缺乏行之有效的管理和考核机制，导致耕读教育缺乏可持续且高水平发展的内生动力和外在助力。

第二节　树立正确的农民教育观

农民教育观反映了党和政府对农民教育实践的认识过程正不断走向成熟的趋势。教育思想是人类对社会和教育认识、概括、论证和思考的结晶，是社会和教育发展到一定阶段的产物，是人类社会进入文明时代、教育上升到自觉状态的标志。改革开放以来，共产党的农民教育观始终围绕如何通过教育使产生于前现代社会的农民群体获得与

现代社会发展相适应的综合素质这一议题，它包含教育价值观、教育功能观、教育目的观等不同层面。现阶段，树立正确的农民教育观无疑能为教育实践的具体展开提供科学合理的指导原则，构成农民教育实践的重要前提。

一、充分认识农民教育的重要性

不论是民主革命时期，还是中华人民共和国成立以后的社会主义建设时期，农民教育始终是共产党在基层农村社会开展的重要工作。然而，回顾农民教育的历史过程，不难发现，不同时期的农民教育思想总是将农民教育视为农村经济与社会发展的应变量，而未能从教育的自变量价值上考虑其重要意义。特别是改革开放以来，学术界或是政策部门也往往将农民教育定位在技术层面，较少从战略层面认识农民教育的重要性。正如英格尔斯在《人的现代化》中阐释的："完善的现代制度以及伴随而来的指导大纲，管理守则，本身是一些空的躯壳。如果一个国家的人民缺乏一种能够赋予这些制度以真实生命力的广泛的现代心理基础，如果执行和运用着这些现代制度的人，自身还没有从心理、思想、态度和行为方式上都经历一个向现代化的转变，失败和畸形发展的悲剧结局是不可避免的。"结合市场化改革时期农民教育的实际情况发现，以现代化为导向的农民教育对发展中国家的整体现代化进程意义非凡。一是从经济发展角度来讲，农民的现代基本技能教育不仅能为现代农业提供可持续发展的人力资源，还能为城镇社会的经济发展储备大量的劳动力资源。改革至今，中国经济发展所享受的"人口红利"从现实层面证明了农民教育对城乡经济发展的促进作用。二是从政治稳定的角度来讲，农民的公民素质培养不仅能为基层农村社会政治秩序的稳定提供有力的社会心理环境，还能为城乡社会的政治发展积聚相对正面的公民力量。三是从文化与社会的繁荣和进步来讲，农民道德与精神文化教育既能从传统资源中获得维持社会发展的文化支撑，又能从现代工商文明中吸取促进社会进步的智力资源。综上可知，农民教育不是外部政治力量对农民群体的恩赐，而是处于转型时期的社会经济政治发展的必然需要；不仅仅是服务于其他发展目标的应变量，而是从农民个人与社会发展两方面综合考虑的自变量。

与此同时，现代化发展带来的必然趋势是城乡的分离与差距，"城市的文化是开放的、现代的和世俗的，而乡村文化依然是封闭的、传统的、宗教的。城乡区别就是社会最现代部分和最传统部分的区别"。因此，党和政府还需要从城乡和谐的战略高度上认识农民教育的重要性：农民教育是党和政府在现代化背景中弥合城乡差距的重要手段。它通过对农民群体实施有效的现代教育，能够创造城乡和谐的社会统一性。进入 21 世纪，党和政府在统筹城乡视角下，对农民教育进行了更为深入全面的思考与布局，继 2006 年一号文件《中共中央 国务院关于推进社会主义新农村建设的若干意见》提出"建设社会主义新农村战略"后，2010 年的中共中央一号文件《中共中央 国务院关于加大统筹城乡发展力度进一步夯实农业农村发展基础的若干意见》又进一步提出"把建设社会主义新农村和推进城镇化作为保持经济平稳较快发展的持久动力。"这表明党和政府在"三农"问题指导方针上已经逐步确立城乡和谐发展的思路。具体到农民教育思想上，从城乡和谐的战略高度，确保农民教育的重要性，还需要畅通农民群体在城乡之间自由流动与生活的渠道。一方面，在农村社会中，以"建设社会主义新农村"为指导目标，重视农民教育的积极作用，发动各方力量积极投入农民教育工作中，让农民在农村社会也同样享有较高水平的现代教育，使农村社会成为农民现代化教育的重要基地。另一方面，充分利用党和政府提出"积极稳妥推进城镇化，提高城镇规划水平和发展质量"的政策契机，鼓励有能力和有条件的农村居民迁移至城镇社会，促使他们在城镇社会的现代企业组织和教育体系中获得更多现代素质的发展空间，完成自身在农村社会之外的教育实践过程。

二、明确以现代化为导向的农民教育目标

不同历史时期的农民教育实践，都是基于不同时空背景下社会发展的具体取向而展开的。一般而言，发展经常是政治性的，并且与价值观念有关，乡村发展研究必须明白价值取向的特征。因而，不同时期的农民教育实践往往以不同的教育目标为导向，从民主革命时期

农民革命化的教育目标，到建国之后农民集体化的教育目标，再到改革开放之后农民现代化的教育方向，体现出党和政府根据社会发展的趋向，及时调整农民教育目标的努力过程。当代中国处于全球化和市场化的国际浪潮中，不得不面对日益分工细化的经济发展趋势和日益多元化的社会环境，只有突破农民教育目标单一化局限，明确以现代化为导向的更为综合多元的教育目标，才能促使农民群体在更为广泛的层面上适应现代社会发展的需要。以往单一化的农民教育目标在具体实践中获得过成功，也曾遭遇失败。实践证明，单一化农民教育目标仅能满足党和政府在短时间内对农民的教育要求，而无法为农民个人和农村社会的发展与进步提供持久有力的教育支持。以人民公社时期的教育实践为例，农民集体化是当时农民教育实践活动的目标导向，通过"政社合一"的管理体制、粮食统购统销的农业政策和描述共产主义美好未来的精神激励等多种方法，党和政府有效地将农民组织起来，走上社会主义农业集体化道路。然而，泛政治化的教育目标不能满足农民群体各个方面的发展需求，也不能为农村社会的整体发展提供持久的精神动力，最终将遭遇现实的挫败。进入改革开放时期，党和政府一度以经济的发展和物质生活水平的提升作为农民教育的目标指向，这又使农民教育不可避免地陷入另一种目标单一化的误区，农村社会中屡屡暴露出经济富裕、道德却滑坡的现实困境，也从反面说明单一化教育目标的局限性。

现阶段中国社会的发展目标是建设社会主义现代化，这不仅是对包括农村居民在内的全国各族人民进行社会主义建设的内在要求，也是处于全球化交往中的民族国家社会发展的必然趋势。当然，这个现代化目标必然体现出中国社会发展的独特性，是"中国式的四个现代化"。由此决定，农民教育过程应以现代化为导向，落脚于促进农民形成现代人格与传统美德相结合的完整人格。中国作为后发现代化国家，不仅具有悠久的文化传统，还拥有自身特殊的现实国情，在农民教育目标的选择上也理应呈现出现代与传统交融协调的价值取向。同时，农民教育的这一目标也符合马克思对未来社会人类获得自身最终解放的设定，他认为人的本质追求是"以一种全面的方式，也就是说，作为一个的人，占有自己的全面的本质"。从马克思人学观点出发，以现代化为导向的完整人格这一农民教育目标，反映出中国社会与农民个人两方面的教育需求，在本质上与马克思所设想的人的自由而全面发展的终极目标具有同一性。农民的完整人格，或称为农民自由而全面的发展，体现出对农民群体综合多元的发展要求，主要包含三方面的教育内容。一是以文化知识、科学技能为核心的现代基本技能，这不仅构成了农村居民在城乡一体化进程中生存与发展的基本素质，还为农业发展、经济繁荣提供了相对稳定丰富的人力资源；二是以民主与法治为核心的公民素质，这体现出农民群体在城乡社会政治秩序中所享有的公民权利，还表明了农民群体为城乡社会的政治稳定应尽的公民义务；三是能够帮助农村居民顺利渡过社会转型期的道德与精神文化追求，这为身处城乡流动与现代转型中的农村居民提供了一种精神文化上的支撑。因此，突破农民教育目标单一化局限，树立以现代化为导向的综合目标，是保证今后农民教育工作得以顺利进行的重要理念。

三、培养农民的自我教育意识

由现代教育理论可知，自我教育是人类教育活动的较高阶段，具体指教育主体根据教育对象的实际情况，予以适当的引导和鼓励，充分发挥教育对象自身的自觉性和能动性，促使他们把教育主体的要求，转化为自我发展的目标。从一定意义上讲，自我教育既是教育活动的结果，又是教育活动得以延续的内在动力。借用苏联著名教育学家苏霍姆林斯基的话，只有激发学生去进行自我教育的教育，才是真正的教育。马克思主义唯物论也表明，外因只有通过内因才能起到实际作用，教育活动必须通过受教育对象本身内化于心的改变，才能产生实际的教育效果。具体考察不同历史时期的农民教育实践，不难发现，农民教育活动的最终落脚点都集中体现在对农民群体本身的引导和影响上，只有那些真正被农民接受，并逐步产生内在思想意识与外在行为习惯上的改变，才能反映实际的教育效果。在这种外部教育力量与作为教育对象的农民之间的互动实践中，如何培养农民的自我教育意识，激发他们的主动性和积极性，无疑是延续教育效果，并产生持久教育影响的关键因素。反观中华人民共和国成立后集体化时代中国共产党农民教育的历程，在教育和塑造农民的过程中，通常采取自上而下的行政模式，甚至通过一系列政治运动的方式展开，往往不能充分考虑农民的实际需求和乡土传统的合理性，忽视了作为教育对象的农民群体在自身发展层面的能动性，从而压制了农民群体的主动性和创造性，造成不良的教育后果。随着现代化进程的推进和市场化改革的深入，党和政府在新形势下思考和解决农民教育问题，必须立足于当前中国农村的发展现实和农民群体的内在需求，着力培养农民的自我教育意识，将外部的教育实践活动，转化为农民自身追求的发展目标。

党和政府在农民教育过程中，培养农民的自我教育意识，需要在两个方向上展开。

一是，作为教育主体的党和政府需要规范自身的教育责任，在实施教育过程中，更多地侧重于引导和启发式的教育方式，通过搭建一个公正、平等的教育平台，帮助农民群体实现自身的现代化发展。改革开放不仅松动了原有的社会结构，还极大地释放出社会空间，农民群体在日常的生产和生活中，越来越发挥出其聪明才智和创造能力。针对这些现象，共产党领导人认识到顺应历史潮流，培养农民自我教育意识的重要性，并将这一思想不断深入。面对改革释放出农民自身发展的巨大潜力，通过适当的农民教育，激发他们的创造力和能动意识，调动他们的发展积极性，势必能够为农村改革、农业发展和农民现代化带来明显的成效。随着改革的不断深入，新的领导集体也充分认识到培养农民自我教育意识的现实意义，人民群众是历史的创造者，必须牢固树立马克思主义的群众观点，自觉坚持党的群众路线，坚定地相信群众，紧紧地依靠群众，在各项工作中充分发挥人民群众的历史主动精神。对比改革开放 40 多年来农民教育的发展历程，能够清晰地看到，只有真正尊重受教育的农民群体，发挥他们自我教育的主动性和创造力，才会形成持久良性的教育过程。

二是，在实施农民教育过程中，作为外部教育力量的党和政府应该更多地思考如何通过塑造教育环境来影响农民的认知和自觉，从而将其教育理念经由农民自身的改变，反映到最终的教育效果上。对于这种教育思路，马克思在《关于费尔巴哈的提纲》中有所论述，指出

"环境是由人来改变的,而教育者本身一定是受教育的"。从某种程度上讲,党和政府是农民教育的协助者和助推器,其主要作用在于对农民进行引导和刺激,激发其内在的自信、决心、创造性和主动性等。通过这种方式,农民无穷的智慧和创造力才会体现出来,促使农民自我发展力量的成长。在进行农村实地调研中,先后碰到的几个案例都是党和政府发展农民教育的政策措施落实到基层农村社会后,常常由于无法获得农民的支持与参与,而陷入停滞不前的困境,外部力量"输血"式的教育方式,往往无法催生农村内部的"造血"机制。究其根本原因,在于外部教育力量并未能承担唤起农村居民自我意识、公民意识、权利意识和发展意识的重任。政府层面上再多再好的教育政策和教育支持,也不能替代农民自我教育产生的教育效果。党和政府只有通过各种措施和途径,培养农民群体的自我教育意识,才能形成现代教育在农村社会立足,并取得长久发展的思想基础。

四、形成面向农村社会的大农民教育观

随着改革开放的深入,中国农村社会与农民群体的概念和内涵均发生了变化,农村社会已不再是封闭自足、单纯以农业生产为主的人群聚居地,而是处于流动开放与市场交换中的多产业复合的人居空间。农民群体也不再单纯以农业生产为主要谋生手段,而面临着知识技能、公民素质、市场意识等多方面现代化的挑战和考验。因此,在农民教育中不断总结与创新,形成面向农村社会的大农民教育观,非常现实和迫切。面向农村社会是大农民教育观的前提。

改革开放以来的农民教育过程迫于现代化发展的压力与需求,常常将现代化、工业化和城市化作为教育的导向因素,形成面向农村社会之外的城市与工业办教育、为城市与工业发展服务的教育理念,最终导致农村人才流失,农民教育缺乏后继持续动力。农民教育非但没有为农村社会的发展供给相应的人才,还使越来越多的农村居民抱持"学而优则跳农门"的想法,期望脱离农村社会,实现自身的非农化转变。虽然,农村居民的这种非农转化能够为其自身积累现代性要素创造一定的有利条件,但"村民"转变为"市民"并不意味着农民教育过程的最后终结,身份的转化还应以自身现代化综合素质的养成

为依归。面向农村社会的农民教育不仅能够为处于转型期的中国农民提供适应现代生活的智力支持和精神支撑，还能使农民教育与农村建设形成良性的互动关系，使农村居民在城乡流动中更为全面自由。

大农民教育观是一个综合多元的概念，包含三个有机的组成部分。一是动态开放的教育体系。当前中国农民教育处于城乡一体化进程中，是一个动态开放的体系，既为城镇化进程储备现代经济发展所必需的人才力量，又为社会主义新农村建设提供合格的成员；既体现在农村居民日常的生产和生活中，又反映在农村居民参与基层政治组织和公共事务的过程中；既反映在乡村基层党政干部对农民群体的直接教育和管理引导上，又体现在农村基层党组织在日常管理工作中对农民群体潜移默化的影响和疏导上。不仅如此，作为教育对象的农村居民本身也处在流动与分化中，这对教育体系提出更高的要求。因此，农民教育需在城乡之间，在乡镇政府不同职能部门之间，在村庄内部不同教育区域之间，形成开放动态的教育体系，从而满足农村居民不同方面的教育需求。二是中长期相对稳定的教育过程。农民教育的历史实践说明，任何文化的转型和国民心态的改变都是一个长期缓慢的过程，暴风骤雨式的革命虽然可以改变人们的文化表现形式，但无法改变人们内心深处的东西。人的综合素质往往在常态教育环境中经过磨砺而逐步形成，这是一个中长期的过程。对农民自身而言，教育是一个长期持续的社会化过程，应该贯穿于成年农村居民的整个人生当中。针对不同人生阶段的现实需要，农村居民应该获得终身教育的保障。特别需要避免短期教育行为的干扰，因为市场经济带来的简单快速的交易原则使得诸如教育这类的社会活动也难以避免功利化的价值取向。然而，教育是施加于人类本身的实践活动，最终的教育成效必须通过人类自身的改变而体现，这个复杂漫长的过程无法在短期内取得明显的效果。所以，农民教育必须坚持中长期相对稳定的教育过程。三是整合性的教育规划。整合性的教育规划体现出农民教育在不同层面、不同方面和不同领域内的要求和目标。针对农村居民个人，整合性教育规划包含农民教育涉及的内在思想意识和外在行为习惯两个不同层面。教育要通过作用于个人内在的思想意识，从而达到改变其外在行为习惯的目标，这两个层面是教育需要同时兼顾的部分。

就农民群体来讲，整合性教育意指农民这一群体在生产方式、生活方式和交往方式中呈现出与现代社会发展相适应的综合素质的培养过程。就农村社会来讲，整合性教育规划包含经济、政治、文化和社会等不同领域内对农民群体的整体要求。综上所述，不难发现，由于农村社会和农民群体所具有的复杂性与多重性，整合性教育规划是农民教育的题中应有之义。

第三节　准确定位党和政府在农民教育中的主体责任

回顾中国农民教育历程，不难发现，党和政府一直在农民教育中扮演着重要的主体角色。近代民主革命时期，共产党就作为存在于农村社会的现代力量，将现代的国家意识和政治观念输入农村社会，与广大农民建立密切联系。自此之后，党和政府始终注重对农民的引导和教育，承担不同时期农民教育的主体责任。1978年开启的市场化改革进程同样是由党和政府主导推进的渐进式社会变迁过程。在此过程中，党和政府掌握着强大的社会资源分配责任，因而在农民教育中担负着不可推卸的主体责任。通过对比东亚国家的现代化进程，了解到具有后发赶超性质的东亚国家在农村建设和农民现代化过程中，正因为十分注重发挥政府的主导作用，从而取得了诸如韩国"新村运动"、日本农业发展等的成功。因此，进入改革开放新时期，准确定位党和政府在农民教育中的主体责任，对农民教育的展开具有重要的现实意义。

一、规范党和政府的服务型教育责任

党和政府是一个存续性很强的角色，在可预见的未来，它仍会在农村社会变迁中扮演积极的主体角色，协助解决农村社会变迁带来的诸多问题。特别是在农民教育过程中，需要清晰地规范党和政府的教育责任边界，对其介入农村社会和农民群体的形式与程度进行分析，使党和政府自上而下的引导与服务同农村居民自下而上的发展与提高之间形成良性的互动与协调。党和政府对农民群体的教育和引导，随

着市场经济改革和民主政治发展，不仅仅局限在革命式的政治运动、带有强制意味的政治动员和其他一些在政治领域内施加的影响，更多的是从经济发展、文化繁荣和社会进步等角度对农民辅以一系列的政策法规，以保障宏观教育环境的良性互动，从而帮助农民获得全面的现代化素质。这就说明，现代社会的变迁已促使作为教育主导力量的党和政府，不得不对自身的主体定位和责任边界进行重新思考与界定。

伴随着改革开放的深入，党和政府应在农民教育中扮演如下主体角色。

一是组织者。由于改革中国家掌握强大的资源力量以及中国农村社会的特殊结构，党和政府在诸如农民教育这样的公益事业中承担着重要的组织角色。人民公社解体后，以"乡政村治"为特征的乡村治理方式逐步取代"政社合一"的组织方式。随着基层村民自治制度的产生和发展，党和政府在基层农村社会中的现代化努力大多通过以乡镇政府为代表的政治治理与以农村居民为代表的村民自治相衔接与结合，在双方的互动中共同完成。在此过程中，具有自主性的乡村社会要求国家应该承担其对乡村社会的基本责任和使命。这意味着国家在推进乡村社会自治的同时，必须承当起建设和发展乡村经济、社会和文化的基本责任和使命。因此，党和政府必须整合不同的社会资源力量，通过改革基层乡镇政府的治理模式和组织方式，将乡镇政府及其领导下的村党支部作为农民教育有力的组织者，提供更多切合农民实际的教育服务。需要引起注意的是，党和政府在农民教育中的组织者角色，并不是传统意义上的领导和干预，以往带有明显政治色彩的压力型治理结构会使政府机构为追逐自身的行政目标而忽略农村社会和农民本身在教育实践中的真实诉求，会使农村居民对党和政府的教育政策及相关措施产生背离情绪。当前，随着基层村民自治制度的确立，国家行政力量在政策层面上已退出农村基层社会，乡镇政府以一种全新的组织者角色介入农民教育过程中，承担了其他社会力量和村民自身无法完成的教育活动。

二是支持者。市场经济固有的趋利性特征，使诸如企业之类的市场主体不愿意承担相应的公益责任，市场经济竞争性原则又使越来越多的农村居民由于受教育程度有限而在竞争中处于劣势地位。党和政府在农民教育中的另一个重要职能就是无偿地向农村居民提供公共产品与服务，个人或者商业不愿涉足的一些无利可图或者利润微小的农民教育领域，政府的大力支持和积极参与显得十分重要。党的十六大以来，党和政府开始实施以工哺农、以城市支持农村的发展政策，大力支援农业和农村的现代化发展，着力解决与农民生产、生活密切相关的教育问题，以支持者的角色定位介入农民教育工作。这些措施期望扭转改革开放之后忽视农村社会发展和农民教育的现实局面，以往这种忽视常常招致农村居民的不满情绪。对于村民来说，最重要的问题不在于政府在多大程度上能够渗入基层社会，而是政府能为他们做多少事情。一个不断干预基层社会的政府或许能够为人民提供各种服务，因此有可能被视为好政府；相形之下，一个不闻不问的政府可能被看作是既不负责任且又无能的。党和政府在农民教育中的支持者角色主要应从宏观政策上对其进行把握和支持，在微观领域中则要注意从具体的农民教育工作中抽身，转而支持乡镇政府以及村党支部等基层组织，通过依托组织中的相关工作人员开展实际工作，避免新的越位与干涉。

三是引导者。在现代经济和社会中，政府与市场、宏观调控与自由竞争作为两种基本的调节手段各具优势，又都有不足，两者密切相连、相互交织成为缺一不可的组成部分。在农村社会现代化和市场化转型过程中，国家的缺位常常不是表现为国家权力对农村社会的放弃，而是表现为国家体系无法弥补市场调节机制的固有弊病，无法有效地整合农村社会，并成功地引导农民教育在现代化轨道上良性发展。党和政府在农民教育中所扮演的引导者角色，不应像中华人民共和国成立后的集体化时代那样，处处以行政方式直接介入农村建设和农民教育过程中，体现管理与控制的角色特征，而是应该利用当前市场化改革的有利契机，通过乡镇政府相关职能部门、基层村党支部以及市场机制的配置资源，以间接的服务型角色定位，对涉及农民教育的相关组织力量和社会资源进行引导和敦促，从而完成在农民教育中的主体角色。市场化的发展趋势对党和政府在农民教育中主体角色的定位提出更大的挑战与要求，由于社会主义市场经济改革中难免带有政府领导的痕迹以及社会转型存在的不彻底性，党和政府扮演的主体角色常常存在边界模糊不清的非理性特征，在实际操作中，政府与市场的边界常常难以做到完全精确。因此，党和政府在农民教育中，更需要注重对市场化社会资源的运用和对农村社会情况的深入了解，实现自身定位由控制型向服务型转变，更好地履行农民教育中的引导职能。

二、加大对农民教育的投入力度

从教育本身来讲，教育产生的功能与效益不仅具有私人性，更具有公益性，教育的收益具有巨大的社会性和外部性。也就是说，国家和社会是教育最大的受益者。在各个国家的现代化发展中，国民的教育水平以及由此决定的综合素质是其核心竞争要素，教育对社会发展的推动作用，特别是对处于弱势地位的农民群体的促进与改变作用更加明显。不仅如此，国家所提供的现代化教育还能使其国民在实现自身发展和贡献社会发展中，享受到较高层次的精神文化满足，从而推动整个社会的精神文明向前迈进。然而，正因为教育在社会发展过程中的作用是无形的，所以它常常没有大的变迁，人们为了工厂、水坝那些有形的东西而忽视了教育的发展。由于教育的投入产出效益不同于其他社会投资那样能够在短时间内看到明显的收益，而只有通过社会的长期发展和人类群体的持久变迁才能反映出其重要功能。因此，在很多后发现代化国家中，教育常常是被政府排在经济发展目标之后容易被忽视的投资方向。

中国在改革开放之后的很长一段时间内均以经济发展为中心，进行社会主义现代化建设，虽说在经济体制与发展模式上摆脱了集体时代的束缚，却也造成了以经济效益为一切标准，忽视对诸如农民教育之类的公益事业和社会工程的投入。改革进入深化时期，农村社会现实发展的状况越来越明确地表明，党和政府只有加大对农民教育的投入力度，为农村发展提供一系列政策支撑，才能避免其他发展中国家只重经济而忽略教育所造成的发展困境。2003年开始的税费改革无疑是党和政府重新思考和改善农民教育投入问题的有利契机。我国从2004年开始，逐步降低农业税税率，每年降低1个百分点，5年内取消农业税。截至 2006 年，中国的农村居民已彻底和"皇粮国税"告别。不仅如此，党和政府规定从 2006 年开始向从事农业的村民提供"两支一补"，使农民群体得到更多的实惠。这一系列政策措施表明，党和政府已经开始在放权让利层面上，重新思考对农民教育的财政投入和政策支撑。

现阶段，党和政府需要在以下两个方面对农民教育进行切合实际的财政投入，以保证为农民发展提供相应的政策支持。

一方面，为克服财权与事权不对称的体制性障碍，借助"省直管县"财政改革契机，加大对县乡农民教育的投入力度。长久以来，财权与事权的不对称一直是我国教育经费投入的体制性障碍，成为制约农民现代化素质提高的制度因素。财权与事权在现实发展中极不对称。按照"以县为主"的教育投入体制，地方财政收入是公共教育经费投入的基础，但如果该地区地方经济落后，它就难以提供必要的教育经费，经济落后与教育落后必然相伴而生。同时，由于各财政层级间难以避免地会出现"事权重心下移、财权重心上移"的状况，致使我国基层财政投入，尤其是县乡财政在农民教育上的投入难题进一步凸显。针对上述财事权矛盾，财政部 2009 年公布了《关于推进省直接管理县财政改革的意见》，提出"省直管县"财政改革将在 2012 年底前在我国大部分地区推行。党和政府应当借此地方财政改革契机，通过省级财政直接加大对县乡农民教育投入的转移支付，从财政政策上，对农民教育给予切实有力的资助。

另一方面，在税费改革后，为防止村级债务负担影响农村居民的教育投资，以发展政策来化解村级债务，应同时鼓励各村根据自身情况建立"村级财政"，以应对现代教育的发展需要。税费改革前，村一级组织为完成上级的计划指标和行政任务，不得不以村委会或村干部名义向外借债，形成了不同程度的村级债务，这些财政逆差在税费改革后，一时无法完全化解，成为农村社会的发展包袱。党和政府需要以发展的眼光和积极的政策来帮助农村社会在未来的经济增长中不断化解这些村级债务，还可以通过招商引资、财政转移等多重经济手段从不同方面来解决村级债务问题，最终为农村社会发展排忧减负，使农村居民在经济利益获得保障和经济收入得到提高后，更多地投入自身的现代化教育。不仅如此，村级组织还可以根据村庄的具体情况，利用省级财政转移、专项建设款、在村的乡镇企业税收返还和相关的赞助款项等方式，建立村级财政，为居住在村庄内的农村居民提供公共教育服务和公共文化生活创造一定的财政基础。人民公社解体后，村集体经济逐渐瓦解，这也使得关乎农村居民生产、生活以及教育的公共事业逐渐凋敝。党和政府有责任在保证经济发展的同时，支持村级财政的建立，帮助农村居民所在的村庄逐步积累能够进行公共教育和文化事业投入的经济实力。

三、将农民教育纳入基层政绩考核

党和政府对农村居民实施的教育是通过行政体系层层向基层延伸的，在基层农村社会中，主要表现为乡镇政府及其所领导的村党支部对农村居民的引导与服务，作为基层教育主体具体承载者的他们无疑会对农民教育过程产生非常直接且重要的影响。通过考察发现，基层农村社会中的乡村政治结构存在许多值得探讨的问题，这些问题直接影响到基层教育主体开展农民教育工作的具体效果。改革开放以来，随着国家地方分权与分治治理模式的逐步确立，作为国家最基层政权的乡镇政府成为衔接国家与社会的重要桥梁，乡镇政府对基层农村社会的行政管理权与日益发展的基层村民自治权之间构成了密切互动的双向关系，其中乡镇政府能否从基层社会中积累社会资源，促使自身顺利地完成职能转型，并以此为基础在农民教育中发挥更为积极的作用，对党和政府的农民教育工作起着非常关键的作用。从政治结构角度来看，乡镇政府属于国家权力运作体制的最底层一环，是社会公共权力的组成部分之一，其政治结构具有明显的压力型特征。这种压力型特征要求作为基层政治组织的乡镇政府以完成上级经济指标和行政任务为主要目标，这些指标和任务的完成情况成为乡镇政府政绩考核几乎唯一的评价标准。因而，处于压力型政治体系中运转的乡镇政府疲于完成诸如促进经济发展、维护基层稳定等行政任务，而无力顾及关乎农民自身发展的教育问题。特别是税费改革之前，乡镇政府的主要职能是协助国家收缴农村居民的粮食、农业税和"三提五统"费用等，在现实乡村政治中，乡镇权力体系由于无法克服对自身利益的追逐而表现出很强的自我扩张惯性。由此造成的结果是乡镇政府非但不能很好地履行对农民进行教育的引导与服务功能，反而使自己日益膨胀的结构设置和人员配备成为加重农村居民负担的体制性原因之一。

因此，近年来有许多学者提出对乡镇政府进行改革，综合起来共有三种代表性意见：一是主张加强乡镇政府，将它建设成为一级完备（或完全）的基层政府组织；二是主张虚化乡镇政府，将它改为县级政府的派出机构——乡（镇）公所，实行"县政乡派"；三是主张裁撤乡镇政府，实行类似于村民自治那样的社区性"乡镇自治"。通过对理论与现实的双重考量，笔者认为乡镇政府改革的关键，不在于"加强"或"撤销"与否，而在于它的运转方式和职能定位能否朝向促进农村发展和农民现代化的方向发展。作为国家政权一级部门的乡镇政府，承载着传达国家政策、有效沟通民意、积极引导村镇发展的作用。同时，现有的农村状况是，乡镇级政府往往下辖上万人的农村居民，简单的裁撤反而会加重农民的负担，使其在行使自身权利、传达自身意愿到政府中变得困难重重，无法达到上下沟通的效果。特别是乡干部多是熟悉农村实际情况、人员构成的人，他们若能转变工作方式，坚持依法行政，便能改变以往税费时代在村民心中留下的不良印象，重新确立党和政府在农民心中的地位，最终形成良性的农民教育实践过程。

在现有的政治结构和农村现实中，乡镇政府始终是党和政府在农村社会开展农民教育工作重要的组织力量。正如贺雪峰的分析："乡村组织可以退出农村，问题是民间组织是否就会自然发育出来及是什么样的民间组织可以发育出来。据观察，乡村组织的退出，往往是黑色、灰色组织的跟进，是邪教组织的跟进，农村这块阵地，正面的组织不去占据，那些邪恶组织就会去占领。"在实地调研中，同样也发现农村居民们在日常生产和生活中碰到种种状况和难题时，还是习惯于向政府部门求助，乡镇政府所履行的调解与服务职能在很大程度上仍然发挥着重要的教育与引导作用。特别是当前基层农村社会在税费改革后，乡村政治结构正在发生一个根本性的变化，这种变化为乡镇政府转变治理职能，形成服务为导向的治理模式提供根本性的基础。这也为党和政府适时地将农民教育纳入乡镇政府政绩考核中，从制度与政策方面促使乡镇政府的职能转型奠定现实基础。

农村税费改革以及国家对农村居民进行相关补贴的财政政策，使乡镇干部不再以从农村社会汲取资源为主要行政目标。以湖南省永州市蓝山县祠堂圩乡为例，乡干部日常的工作内容已简化为办理农村合作医疗、负责计生工作和基层维稳等方面。因此，党和政府有必要将农民教育、农村公共文化事业发展等软性建设指标纳入乡镇政府的政绩考核，突破以往仅仅从经济发展层面对乡镇政府的工作进行衡量的惯例，促使乡镇政府建立符合现代公共服务型政府标准的新型乡村治理模式，以此作为促进农民教育发展的重要组织力量。不仅如此，还要从乡镇治理与村民自治相结合的角度，改善乡镇政府的自身制度，从机构建制上适应农民教育发展等治理目标。税费改革之后的乡镇政府除履行一些基本的管理职能外，很多工作人员在大多数情况下都处于闲置状态，常常从事一些为应付上级检查的形式化的工作。若是上级政府将农民教育的成效和文化建设的成果列入乡镇政府政绩考核中，将会在行政层面极大地激励乡镇干部主动参与与农民教育相关的工作，促使乡镇干部积极地深入农村地区，改变以往僵化的管理方法，转而从服务农民的角度出发，为农民搭建一个与外部世界沟通的平台，这些积极措施将对农民教育产生非常明显的正面效应。

四、调动各方力量参与农民教育

党和政府在农民教育中主体责任的准确定位，不仅取决于政党和政府对自身的定位与调整，还取决于其所处农村社会的具体环境。随着经济发展和政治改革的稳步推进，农村社会日益呈现出开放多元的发展特征，这对党和政府农民教育工作的开展产生诸多影响。这些逐步壮大的社会力量为党和政府构建起一个新的生存和发展空间，使其不能再独立于社会之外进行自我建设。相反，党和政府必须与社会发展的大趋势密切联系起来，根据变化了的农村形势和社会发展趋势，思考和探讨进行农民教育的有效路径。尤其是在以基层村民自治为代表的农村社会力量逐步崛起的过程中，党和政府应当逐渐放弃原有的全能性的行政管理模式，转而按照现代市场经济的发展要求，适当地释放农村社会空间，调动社会各方积极的多元力量来参与农民教育。

从党和政府角度来讲，如何建立在农民心中的公信力是当前农民教育极为迫切的问题，因为任何教育政策和措施都需要民众从心理上接受它，并在行动上配合它，如果农民群众不接受和认同这一教育政策和措施，那么外部力量很难将对农民的现代化教育有效地推行下去。能够适应现代社会发展需求，适当地让渡自己固有的权力，释放出更多的社会空间，是合作型政府应有的执政特征。回顾党对农民的教育历程，不难发现，当党和政府以全面政治化的姿态进入农村社会，通过对农村资源的掌控而全面掌握农民教育过程时，往往因为压抑了农民群众自身的创造力和发展智慧而使当时的农村社会空间受到极大压缩，最终导致农民教育过程脱离社会发展的实际需要和农民自身的真实想法，从而很难避免其失败的结果。不得不面对的现实是：仅仅靠行政杠杆根本撬不动中国农村这块巨石，不恢复农村原有的自组织能力，农村的事情就不可能办好，而农村的自组织能力只能靠农民和农村社会自身的力量一点一滴地复原，才有可能真正具有力量。政府单纯运用行政力量很难达到对农民进行现代化教育的预期目标，用行政力量往往会扭曲真实的农村需求，造成农村对政府的依赖，却不能使农民现代化教育和农村自我发展的力量得到真正健康的成长。因而，释放农村社会空间成为整合不同社会力量参与农民教育的重要途径。

从农村社会空间来讲，农村社会有其自身存在和发展得以延续的内在秩序和行为规范，上述本土特征与农村社会的历史、自然和人文传统相关联，构成了农村和农民现实发展的基础。党和政府对农民群体的现代化教育一方面需要以这些农村社会的本土特征为依据，才能使教育过程顺利展开；另一方面，党和政府这种外部力量的现代化教育实践过程也将极大地改变和重构农村社会空间。乡村社会拥有内生权威与秩序的能力，多少取决于国家给乡村社会的自主空间和支持力量有多大。国家能够在多大程度上尊重乡村社会的自治天性以及能够给乡村社会多大的自主空间，很大程度上决定着乡村社会发挥其共同体的天性，实现有效自治的能力与水平。这就要求党和政府在农村社会中对农民群体实施现代教育的同时，适当地释放一定的社会空间，激发农村内部的现代化积极性和农民群体自我教育的自觉性，使外部的教育力量与农村内部的教育力量相接洽，共同创造农民教育的良性发展。还需要注意一个现实问题，即党和政府在逐渐将行政权力退出农村社会、释放出越来越多的社会空间的同时，还有可能面临另一个困境，即"在国家干预减少之后，国家原来开拓的社会空间并不一定只是由传统的价值观来填补。相反，新兴的市场经济、消费主义以及激进社会主义遗留下来的影响等种种因素，都会与传统观念争夺空间"。由此认为，仅仅释放社会空间还不能完全对党和政府的教育主体责任构成有益的促进作用，还需要调动社会各方积极力量参与农民教育，填补由国家行政权力退出后留下的巨大的社会空间。这些在农民教育中能够起到积极作用的社会力量主要有以下三种。一是以现代企业为代表的市场经济组织。企业作为市场经济主体之一，具有科层管理和规范的组织架构等现代组织特征，不仅能够为农村社会发展贡献应有的经济力量，还能为农民自身现代化素质的培养提供适当的场所和环境，是参与农民教育重要的社会力量。二是以农民自身为主体的各种农民合作组织。在现代市场经济发展中，农民群体只有组织起来，才能应对现代社会发展的诸多需求，并帮助农民群体在自我管理和自我教育中获得与现代社会发展相适应的综合素质。三是由相关专家、学者和大学生构成的知识分子群体。知识和技能无疑是农民现代化教育中最基本的技能层面，由知识分子构成的外部多元力量能够在此方面为农民提供其所需要的各种帮助。

第四节 建立科学的农民教育管理体系

与发达国家或地区早先逐步形成的完备的农民教育管理体系相比较，中国的农民教育管理体系在组织机构、横向合作和相关法规政策等方面，基本上还处于初始发展阶段。面对日益处于全球化和市场化发展浪潮中的农民教育现状，党和政府有必要建立一整套由中央到地方层层负责，同时在横向上实现城乡一体化联动的农民教育管理体系。不仅如此，在纵横交错的农民教育管理体系中，还需要进一步完善农民教育的相关制度与法规，从而确保党和政府的农民教育政策落到实处，在标准化和规范化的轨道上持续发展。

一、健全农民教育的管理机构

对农村居民实施以现代化为导向的综合素质教育，不仅事关整个社会经济发展、政治稳定，乃至于社会和谐的重要因素，还对农村居民全面自由的发展和个人的现代化进程意义重大。农民教育问题是在实际发展中产生，并迫切需要被解决的现实课题，同时，农民教育的内容涉及基本生存技能、公民素质和道德精神追求等多个层面。因此，农民教育需要由党和政府出面，建立从中央到地方上下对应的专门的组织管理机构，层层负责，从而将中央一级服务于农民教育的一系列政策更好地贯彻到基层农村社会，保证广大农村地区的农民教育活动得以持久顺利地开展。就目前的农民教育状况而言，在中央一级的宏观层面上，还欠缺一个专门的、从总体上对农民教育工作进行统一管理和整体协调的组织机构。以往涉及农民教育的相关政策和法规基本上由农业农村部和教育部联合出台，并责成基层地方政府的农业部门和教育部门协同贯彻。然而实际上，除农业农村部下辖的科技教育司会部分负责农民教育的相关事宜外，其他部委或职能部门未能直接负责或是起到推动农民教育工作的职能。同时，反观北美等地区的农民教育实践，不难发现很多农业发达的国家或地区，在中央或联邦一级都设有专门针对农民教育工作的管理机构来负责日常的农民教育工作，与地方政府在农民教育工作上开展协作和沟通。这说明，在中央一级行政层面上，中国还缺乏专门负责农民教育工作的管理机构。此外，具体到地方政府而言，尤其下沉到县乡级的基层政府，分管农村文化、教育工作的乡镇干事，通常还分管政协、财政税法和卫生等多项工作。这也从实际上说明，直接与农村社会相关联的基层政府一级，同样还没有形成专门针对农民教育工作的组织机构。

针对上述农民教育管理体系中存在的不足，党和政府理应从更好地履行自身的教育主体责任出发，建立健全从中央到地方层层相扣的农民教育管理机构，从而保障农民教育工作的切实开展。在中央一级层面，应思考如何在农业农村部建立专门负责农民教育工作的机构，吸纳有志于研究并实施农民教育工作的高级人才，组成专门的农民教育管理部门，主要负责对全国范围内的农民教育工作进行专项论证和总体规划。这样不仅能够保证在中央层面上出台的农民教育政策法规更具科学性和现实意义，还能对各个地方政府实施农民教育工作进行监督和指导，从行政负责方面保证农民教育在基层有效开展。在基层地方政府层面，对应中央一级政府的农民教育管理部门，设立相应的农民教育实施部门，由专门从事农民教育的人员组成，根据中央一级的政策文件精神，制订细致、规范的农民教育内容，确定开展农民教育的具体方式，并直接负责农民教育的实施过程和监督评估。由此形成的从中央到地方层层推进的科学规范的农民教育机构，将会成为当前农民教育有效开展的组织保证。

二、努力形成城乡一体化的教育管理体系

处于向现代化迈进的国家或地区，在农业发展和农民现代化历程中，都或多或少地遭遇城乡二元分割的局面。各类资源、现实条件和教育程度在城乡之间分布不均衡，往往会导致城乡之间教育状况的现实鸿沟。为应对城乡二元分割的现实局面，弥合城乡之间的教育发展差距，党和政府需要进一步思考如何形成城乡一体化的教育管理体系，促成不同的教育要素和教育资源在城乡之间合理流动，从而保证农民教育工作的协调发展。

努力形成城乡一体化的农民教育管理体系，需要从以下几方面进行思考和规划。首先，集中城镇社会的优势教育资源，发挥其对农民教育的先导示范作用。城镇社会中政府相应的农业科技部门、农业高等院校和农业科技研发机构，都是先进的农业科技产生的源头部门，这些部门从事的农业科技研究以及制定的农业生产标准，对广大农村地区农民们从事的农业及其周边产业的生产，具有非常重要的指导示范作用。同时，这些部门研发形成的农业科技成果，同样也需要应用于实际的农业生产，由此获得最终的成果检验。因此，党和政府需要适当地引导城镇社会中的优势教育资源合理地流入农村地区，将先进的农业科技和农机设备更快、更有效地引入农村地区，发挥科学技术的扩散作用，帮助农村居民掌握更先进、更科学的农业生产技术技能和生产设备。其次，深入了解农村居民在教育需求和教育活动等方面的心理预期，以开展更为有效的农民教育工作。农村居民在经济条

件、生存环境和社会心理等各个方面，与身处于城镇社会的居民存在很大的差距。因此，产生于城镇社会的科学知识、文化产品和教育方式，在某种程度上不一定能够满足农村居民的实际需要，这就需要党和政府在中间起到协调和转化的作用。应从作为教育对象的农村居民的实际需求出发，将其作为开展农民教育工作的前提，以便更有效地利用城镇社会具有的优势教育资源。最后，党和政府除在城乡之间建立统筹规划的教育管理体系外，还需要加强同其他农民教育组织的横向联系，形成网络化的农民教育管理体系。在当前农民教育发展中，存在包括企业组织、农民合作组织和知识分子团体等多元的农民教育参与力量，这些不同的组织形式都体现出社会力量在农民教育过程中的重要地位。通过政府的协调和统筹，将这些有志于参与农民教育的优势力量加以整合和利用，形成城乡一体化的农民教育管理体系，对未来农民教育的长期稳定发展极为重要。

三、完善农民教育的制度与法规

任何一项涉及公益的社会活动，都需要完善的制度与法规加以规范，只有在相关的制度与法规的监督和评估中，公益性社会活动才能朝向组织化、规范化和长期化的方向发展。中华人民共和国成立以来，特别是改革开放以来的农民教育工作，经历了一个朝向制度化和法治化发展的轨迹。进入 2000 年以来，从国务院到各级地方政府，都先后出台了一系列针对农民教育与培训的政策。2010 年天津市还通过了《天津市农民教育培训条例》，这是全国范围内首次出现的针对农民教育培训工作出台的地方性法规。然而，针对农民教育培训的一系列政策还是未能积极有效地起到指导和监督农民教育的作用，尤其是在农民教育政策的延续性和整体性等方面尚有欠缺。不仅如此，我国保障和规范农民教育工作的法规条例还较为稀少。综上所述，党和政府除需要建立从中央到地方垂直的农民教育管理机构和拓展城乡一体化的农民教育管理体系外，还需要进一步健全和完善涉及农民教育工作的制度与法规，以保证农民教育工作落到实处。

其一是党和政府须从现实发展需要出发，思考设计有关农民教育的总体制度，在宏观统筹层面上，加强农民教育的制度保证。农民教育制度主要是党和政府对农民教育工作资金投入、机构设置和人员培养等方面的规范化设计。不论是北美地区的农民教育工作，还是日本、韩国等东亚国家的农民教育活动，都是在政府大力的政策支持下，才获得空前发展的。面对日益复杂多变的农民教育现状，党和政府也需借鉴其他国家或地区的先进经验，在制度设计和政策规范上，为农民教育的发展提供良好的外部政治环境，引导农民教育工作在现代化发展目标下，朝向持久规范的方向发展。

其二是党和政府需要从农民教育现状出发，制定一系列维护农民接受教育权益的法律法规，在法制层面上，对农民教育工作进行监督和规范。农民教育相关的法律法规，是对从中央到地方各级政府从事的农民教育工作进行监督和规范，也是对处在不同农村地区的农村居民的教育权益进行维护和保障。因此，需要首先由中央层面制定一部专门针对农民教育工作的法律，从总体思路和整体规划上，对全国的农民教育工作进行设计和支持。

通过建立从中央到地方纵向递进的农民教育管理机构，统筹城乡一体化的农民教育管理体系，同时对纵横相结合的农民教育管理体系进行政策和法制上的指导和规范，由此形成一系列科学的农民教育管理体系，是保障农民教育有效开展的重要思路。

第六章　新时代农民教育的具体路径

通过对农民教育思想理论的回顾和总结，以及对包括中国在内的世界各个国家或地区的农民教育实践的梳理和反思，在当前新形势下思考和解决农民问题还需要回归农村社会，立足农村地区的现实情况；同时，应充分考虑农村居民的实际需求和现实预期，由此来探索农民教育的具体路径。进一步来讲，党和政府的农民教育实践需要着重发挥农村社会内部的人员力量和自身优势，从各个村庄本身探寻促进农民教育蓬勃发展的内生力量和积极因素。

第一节　培育基层精英的示范作用

党和政府对农民的现代化教育必须依靠活跃在乡村社会的基层精英来完成。由于中国农村地域广大，不同地区的村庄之间也存在很大差异，这就决定了不同农村地区的基层精英如何开展对农民的教育工作，实质上存在一定的弹性空间，基层精英的具体教育行为构成党和政府在农村中实施农民教育的主观基础，对农民教育活动产生极为显著且重要的影响。同时，传统时期农村社会由血缘和亲缘形成人情关系网络，即所谓的"差序格局"；改革开放以来，虽然这种传统的人际关系不断弱化，但农民群体习惯于依赖非正式关系，用非理性化的标准去评判他人的言行，这样的传统因素仍然存在。这就决定了基层精英的思想意识和行为规范对农民群体来说具有强烈的人格化力量，能对他们的言行产生非常大的示范效应。因此，基层精英作为农民教育实施过程的具体承载者，其在主观方面发挥的作用非常重要。

社会学家帕累托认为，社区精英可定义为社区中那些具有特殊才能、在某一方面或某一活动领域具有杰出能力的社区成员，他们往往是在权力、声望和财富等方面占有较大优势的个体或群体。王汉生曾将乡村政治精英定义为在农村社区生活中发挥着"领导、管理、决策、整合的功能"的人。吕世辰则认为，农村精英指的是农村中在村民中有威望、有影响和有号召力的人，现阶段，我国农村精英主要有在村民中有威望的村干部，具有高中或中专及其以上文化的知识分子，率先富起来的农业专业户和乡镇企业家，大姓家族的元老等。根据上述定义，将本书研究的基层精英定义为比社区中其他成员拥有更多的社会资源（经济、权力或关系）和个人能力（包括知识技能和为人处世的能力），并因此获得更多权威性价值分配，如安全、尊重、影响力等，进而能够对其他成员乃至社会结构产生影响的社区成员。处于不同历史时期的农村社会基层精英，其权威来源、行为方式以及在国家与村庄之间扮演的中间角色都不尽相同。改革开放后，随着国家对农村社会行政控制的弱化以及农村社会日益多元的发展，基层精英也突破了以往以传统文化或政治权威为单一来源的产生方式，在各个方面显现出才能和权威的新型精英越来越多地占据农村社会空间。

根据权威来源的不同，可以将这些基层精英划分为体制内精英和体制外精英两种。体制内精英指由国家政治体系正式授权的基层精英，他们的权威往往来源于其背后的正式组织，体现出与国家政权较为密切的关系，在研究中将乡镇级党政干部和村两委干部划入体制内精英范畴，他们都属于农民教育的基层主体。体制外精英指村庄内部掌握各种社会资源，诸如传统资源、经济资源等的精英，他们处于国家权力序列之外，凭借上述资源对所处村庄内的其他村民产生或多或少的影响，体制外精英构成农民教育可以借用的本土精英力量，成为农民教育基层主体的协助力量。

一、基层精英在农民教育中的作用

改革开放以来，伴随着国家对农村社会行政控制的日益弱化以及农村社会流动与分化的加剧，村庄内部的社会结构和精英构成出现多元化趋势，由原先"村干部-群众"的政治分层逐步演化为"精英-普通村民"模式，基层体制外精英迅速成长并形成多元化结构。在村级范围内，活跃在村庄内的体制外精英对农民教育的影响力无疑是非常关键的。农村社会的生活是乡土性的，富于地方特色，村庄内部是一个熟人社会，人们处于彼此关联熟悉的人际网络中。体制外精英是社区内的公众人物，由于各方面的能力与素质，成为大家公认的社区领袖。在农村现实生活中，他们常常是融合传统与现代特征的结合体，对整个社区的发展及其他村民们的日常生活形成重大影响。可以说，体制外精英对农民教育的作用主要体现在以下几个方面。一是作为社区精英的村民，通过个人奋斗取得超出普通村民的经济地位和社会地位，他们来之不易的成功，会使自己周围聚集着一批利益相关的村民和仰慕者，他们的言行准则会对这批人产生直接有效的影响。二是村庄精英一般具有较强的实际工作能力和坚实的群众基础，他们的文化水平相对较高，思想开放，能够通过各种渠道获得新技术、新品种和新门路，对广大村民起到带头示范作用。三是体制外精英通常与村庄外部联系较多，视野开阔，具有良好的人际关系和号召力，足以动员社区内的其他村民跟随自己一起参与一些公共文化活动和公共事业建设。四是村庄精英大多数居住在农村社会，他们常常是农村社区社会规范的维护者，由于熟悉本村内的人员情况和日常生活，他们能够对其他村民的言行做出评价与监督，在社区内形成道德约束和舆论压力，以此规范其他村民们的道德行为。

结合理论与实践两部分材料认为，村庄内部体制外精英主要包括五种类型。

一是经济能人。随着家庭联产承包责任制的推行，中国农村社会经济结构发生了重大变化，在农村社会中涌现出一大批致富能人，他们通常是专业户、个体工商者、乡镇企业管理人员等经济能人，凭借自身在市场经济中的创业能力和致富能力，其作用与影响越来越突出，被学者们冠以"经济乡绅"的称号。由于经济能人在农村社区中具有特殊的社会影响力，对农民教育有着不可忽视的作用，因而农民教育基层主体需要注重对他们的培养和扶持，充分调动他们的积极性，使他们在农民教育中发挥更加积极有效的示范带头作用。

二是宗族精英。20世纪80年代农村社会中逐步实行村民自治，标志着国家对基层社会控制的放松，再加上原先的集体组织力量在市场经济发展中不断减弱，传统时期掌控农村社会的宗族势力重新兴起，随之而来的是宗族精英在农村社会中影响力的逐渐加强。对宗族精英的地位与作用，学术界一直存在较大的争议，不少学者担心传统宗族势力的强大，会对农村现代政治结构和秩序产生负面影响。在农村现实中发现，如果宗族势力能够与外部政治组织和现代社会规范主动进行接洽与融合，在完成自身现代化的同时，对社区生活具有促进作用，那么宗族势力以及代表其传统权威的宗族精英仍然能够成为有助于农民教育展开的积极因素。正如钱杭和谢维扬所分析的，在现代中国的社会制度框架内，如果不能与地方政权机构建立起码的信任关系，不能对地方秩序和地方利益作出某种程度的贡献，宗族即使作为一种俱乐部团体，都没有理由和机会生存。因而，现阶段农村基层教育主体需要对宗族精英进行引导和规范，使他们在法律与制度允许的框架内，利用自身的传统资源优势，对农民教育作出积极正面的贡献。除宗族精英外，在农村社会中，还存在以宗教信仰和私人团体为主要活动范围的宗教精英和宗派精英，由于其对农民教育的作用与影响不构成主导因素，我们除认为他们的言行同样需要在制度化的规范中进行外，不做深入探讨。

三是拥有一定社会资源的村民。这类村庄精英主要指在集体化时代或是改革开放之后，担任过生产队干部或是村政职务的特殊村民，由于他们以往曾不同程度地参与到基层政治运作中来，凭借来自外部政治系统的层级授权和自身的能力与品格积累了相当的社会权威，在卸任之后仍然有可能对村庄日常运作产生实际影响。若能对这部分精英进行引导和利用，将会充分调动农村社会中既有的人才资源，使他们在村庄日常事务和农民实际教育中发挥积极的组织协调和模范带头作用。

四是生活在村庄外的权威人士。在村庄日益流动与分化的态势中，逐渐形成了一批游走于村庄与城镇社会之间，大部分生产与生活时光都是在村庄之外的城镇社会中度过，但是由于自身与村庄内部还保持较为紧密的血缘、亲缘和地缘联系，因而对村庄内部的公共事务及人际关系形成重要影响的人群。他们通常是随子女或是自己全家已迁入城镇社会，但是和村庄内部还保持密切联系，因此常常会利用各种节庆假期回到农村社会，参与村庄内部的公共事务。这部分人由于在城镇社会已取得一定的经济成就和社会地位，又非常关心自己村庄内部的事务，会利用回村时光发表个人意见、贡献个人力量，以自身的言行对农民教育产生积极影响。当然，这部分基层精英还包括在城镇与农村社会之间频繁流动的进城务工人员。随着城乡日益开放，村庄外的权威人士逐渐成为对农村建设和农民教育构成积极影响的重要力量，对这部分精英的引导和鼓励，能够使他们更多地将城镇社会中积累的知识、财富和人脉资源贡献给农村社会，起到正面的榜样示范作用。

五是农村知识分子。现代社会的发展中，知识与信息发挥着越来越重要的作用，身处于农村社会的村民们也越来越意识到知识对个人和家庭发展不可忽视的作用，占有知识资源的农村知识分子的社会地位逐渐提高，他们在村庄运作中也获得了更多的话语权，成为新时期村庄体制外的精英之一。

上述五类村庄精英可以说是农村社会的先锋力量，也是农民教育过程不可或缺的基层力量，构成农民教育基层主体的协助角色，需要通过各种正式、非正式的途径调动他们的积极性，引导他们更多地为农村社会和农民群体起到示范和带动的榜样作用。

二、建立基层精英培育和吸纳机制

实施农民教育具体过程的基层主体主要仰赖于活跃在乡村社会的基层体制内精英，这些体制内精英根据不同的标准可以进行不同的划分。从纵向权力结构上讲，可划分为处于乡镇级党政干部与村级两委干部两个不同层级上的精英；从村庄内部权力结构上讲，可划分为村党员干部和村委会干部两个部分。由于现阶段乡村治理结构在实际操作层面上还存在诸多未在法律政策范畴内做出清晰界定的地方，乡镇政府与村两委之间的互动与博弈呈现出复杂多变的特征，这些结构特征对基层精英在农民教育过程中作用的发挥构成重要的外部环境。因此，有必要首先理顺乡村治理结构，为基层体制内精英创造一个相对规范良性的制度环境。同时，探讨建立基层体制内精英培育和吸纳机制，以制度化的管理方式保障农民教育主体的有序形成与运作。

乡镇政府作为国家政权的最基层组织，以国家制度安排和正式权力形式介入基层农村社会，其组织本身的制度化水平和组织成员的业务水平成为影响组织有效性的重要因素。乡镇干部由于拥有相应的职位所界定的政治身份，即农民们口中常说的"国家干部"身份，大多运用政治原则指导其言行。从制度安排上看，乡镇政府包括乡镇党委与乡镇政府，两者常常合为一体，对农村社会进行统一管理。在村级主要通过村党支部实行行政管理。村党支部与乡镇之间是领导与被领导的关系，换句话说，是隶属于上下级的层级关系。根据共产党农村基层组织工作条例，村党支部是党在农村的最基层组织，是村中各种组织（包括村委会）和各项工作（政治、经济、文化等）的领导核心。村委会是根据《中华人民共和国村民委员会组织法》由农村居民自己选举产生的，实行村民自我管理、自我教育、自我服务的基层群众性自治组织的主要形式，是村民依法办理自身事务的组织。它与乡镇之间没有直接的隶属关系，是指导与被指导的关系。在村庄内部，村党支部具有领导和推进村级民主选举、民主决策、民主管理和民主监督，支持和保障村委会依法开展自治活动的权力。因此，村党支部与村委会之间实质上是一种领导与被领导的关系。在村务实践中，村委会和村党支部往往是一套班子两块牌子，一般来说，村支书履行"一把手"的职责，村支部与村委会的关系常常会演变成决策者与执行者的关系。

乡村治理结构中呈现出的复杂特征，事实上反映出国家在乡镇级的治理权与基层农村社会村民自治权之间的矛盾。目前，国家尚未能在制度层面上清晰地界定两者之间的权限关系，这对农民教育产生存在两个不利影响。

一是事权界定不明，会使基层农村社会的管理与服务呈现趋利性倾向。税费改革之前，乡镇政府为了能够更好地从农村社会汲取资源，完成上级政府的行政指标，不断加强对农村社会特别是村两委的控制，却常常忽视诸如农民教育这样的公共事业建设。乡镇干部强硬的行政方式还使农民群众对国家政权产生不信任的疏离感，影响农民教育的实际过程。税费改革之后，乡镇政府又因为不再需要从农村社会汲取资源，仅仅满足于完成上级行政任务，对无法产生直接经济效益的农民教育工作更加提不起兴趣。

二是村两委干部时常处于被动冲突的角色定位，不能很好地从本村农民自身需要出发，进行村庄建设和农民教育。由于村两委干部是由国家选拔或认可进入行政体系中的，因此需要对上级乡镇政府所代表的国家权力负责。同时，村两委干部又是由本村村民中选任的，无法摆脱其与村庄内部千丝万缕的联系。村两委干部这种既要代表乡镇政府，又要代表本村群众的"双重角色"特征，使他们常常处在疲于应对来自上级和本村的压力，却又"两头不讨好"的境地，对农民教育更是无暇顾及。

以此为起点，对乡村治理结构作进一步思考。税费改革之后，乡镇政府得以在全新的政策环境中重新定位自身的职能内容和行为方式，在乡村政治关系中，可以改变原先行政强制的管理方式，通过对村党支部的有效领导和有力扶持，使村党支部以发挥其教育引导村民的服务职能为主。同时，在充分尊重村委会的自身运作的同时，注重对村委会的工作指导，使乡镇治理与村民自治之间形成良性的互动关系，为农村教育工作的顺利开展创造良好的制度环境。不可否认的是，农民教育的开展始终是由乡村两级党政干部具体承担，作为基层教育主体的体制内精英是农民教育的人员保证，对他们实施科学化、制度化的管理能够保证农民教育的有效进行。以往对体制内基层精英的培育与吸收也呈现出趋利性特征，即强调被选拔的基层精英的办事能力，能否保证党和政府在农村社会中完成诸如计划生育、征收各种国家规定的粮税、维持农村的社会治安等各项任务，或者某项有助于证明各级党组织和政府政绩的行政工作，而不是强调其是否能够真正为村民的教育发展服务。

税费改革后，乡镇政府以及村党支部需建立针对基层精英的培育及吸纳机制，制定一系列选拔标准，使活跃于农村社会的基层精英能够通过制度化和标准化的途径，进入正式的政治体系，为农民教育等公共事业的建设与发展提供人力保证。除现有公务人员及党员的选拔标准外，还需特别强调一点，即基层精英是以自己所在村庄为自身再生产与生命价值实现的空间，还是以村庄之外的城镇生活为自己预期生活的场所，这对基层精英的行为出发点构成主要影响因素，务必在选拔时特别加以考量，以保证农民教育主体开展工作的积极性和持久力。

三、形成基层精英监督与激励机制

村级的基层精英通常是生活在本村内的村民，不论是村委会主任，还是村党支部书记，都是产生于村庄熟人社会的本土精英。他们在身份上还是农民，与普通村民之间距离感较小，能够在日常生产生活和人际接触中对其他村民产生较为直接的影响。同时，他们的思想意识和行为方式在一定程度上代表了党和政府的形象。因此，他们的教育角色与教育行为实质上构成最为直接有效的农民教育过程。在对湖南省永州市蓝山县祠堂圩乡的实地调研中，也先后遇到几位较为年长的村支书或村主任，他们不仅自身致富能力较强、有知识、见过些世面，而且具有为人正直、乐于奉献等高尚品质。他们在处理村务时常常能够公正对待、化解矛盾，这样的村级精英往往享有较高的威望，对其他村民的示范作用较为明显。在其中一个村庄的驻村调研中了解到，村民们对该村的村支书都颇为赞赏和认同，认为他平时说话办事很能为村民着想。村民们还特别提到，这位村支书花尽家中的积蓄为供自己的小女儿上学，这在重男轻女思想相当普遍的当地是让人颇为敬佩的事情。正因为如此，村中几户人家中有意愿继续读书的小孩也获得允许，这些家长曾表示："村支书都能砸锅卖铁供小女儿上学，我们咋不能这样做？村支书说了蒸馒头，要个个熟！"由此可见，村级精英对普通农民的教育示范作用非常显著。因此，应该对村级精英进行有效敦促，建立相应的监督和激励机制，促使他们在农民教育中发挥更积极正面的作用。

从监督机制来讲，可以从制度监督和舆论监督两方面入手。由于村两委干部处于乡镇政府与农村社会之间，既具有正式组织的特征，又难以避免来自本村非正式组织的影响，因而可以从由上至下的制度监督和自下而上的舆论监督两方面对村级精英的教育角色进行规范。制度监督是指乡镇政府对村两委干部的教育行为进行制度化的考核和评定，从农民教育实施的具体情况和农村居民的教育反馈等方面，对村级精英进行监督，并以此作为制度化考核的标准，与村两委干部的经济收入和综合考评挂钩。依托正式权力组织对村级精英进行制度监督，能够形成一定的组织压力，敦促村级精英积极主动地开展农民教育工作。同时，将乡镇对村级精英的政绩考核集中在农民教育和村公共文化建设等方面，还能促使村级精英立足于本村的实际需要，思考并解决关乎农村居民切身利益的教育问题。舆论监督是指依靠本村村民对村两委干部日常教育行动的评价与讨论，形成一定的舆论氛围，督促村级精英更有效地开展农民教育活动。村庄舆论是传统时期农村社会中较为普遍且有效的行为规范方式，由于传统村庄处于血缘与亲缘构成的密集的人际网络中，任何有违传统道德的言行都会遭到村庄共同体内其他成员的反对与阻止，彼此之间密切的人情关系常常使村民们服从村庄舆论的评判标准，不敢越雷池半步。

改革开放以来，随着农村社会开放与流动的加剧，村庄舆论日益呈现弱化趋势。然而，在一些社区共同记忆较强、社会关联度较高的农村社会，村庄舆论仍然是左右村民们言行的重要规范之一，也是对村级精英教育角色履行情况进行监督时可倚重的有效机制之一。因此，利用村庄内部的舆论机制，能够使村级精英在实施教育活动中获得直接反馈，从村民们的评价中了解农民教育过程的被接受程度，从而对教育活动进行及时调整。

从激励机制来讲，可以通过物质激励和非物质激励两种方式对村级精英的教育行为产生促进作用。物质激励主要是指乡镇政府依托国家教育资源，设立一些教育专项奖励基金或是教育先进个人表彰奖励等物质奖励形式，以鼓励村级精英对农民教育的热情与积极性。现阶段，包括村级精英在内的农村居民，相对于城镇居民而言，其收入水平和物质生活条件始终不高，对他们施以相应的物质奖励，无疑能够产生较为强大的行为动力，使他们更热衷于根据所在各村的特点开发出更多的农民教育活动形式和方法，激发他们的教育创造性。物质激励方式对村级精英而言，是比较直接有效的动员方式，看得见的实际利益常常能使村级精英产生迅速的行动反应。然而，在农村社会中，物质激励也存在难以克服的弊端，容易造成短视功利的教育行为，特别会导致为获得上级奖励，搞形式化的教育活动，以致有违农民教育激励机制的初衷。因此，在物质激励方式之外还需要考虑来自农村社会内部的非物质激励方式。集体化时代，农村社会物质条件普遍低下，党和政府时常通过对村级干部的非物质激励，使他们获得工作上的成就感和满足感，促使他们更投入地进行工作，这不失为一个重要的历史经验。由于基层农村社会难以摆脱人情关系的影响，人格因素对农民教育过程产生一定影响，表现在：村级精英凭借自身的人格化力量感动并影响其他村民，形成积极的农民教育效果。反过来，村民们的教育反馈也能使村级精英获得非物质的激励因素，若是村级精英实施的教育活动能够获得村民们的一致认同和好评，对村级精英而言，则会收获物质满足之外的尊重感和成就感，这也是非物质激励的重要方式。在由乡土人情构成的农村社会中，非物质激励是必不可少的激励机制之一。

四、探索多种软性支撑型教育方式

由乡村体制内精英和村庄内部体制外精英共同组成的基层精英，是党和政府在农村社会开展农民教育活动主要的依靠力量。不论是作为基层教育主体的乡村党政干部，还是作为教育主体协助力量的村庄精英，都面临着社会发展和农民分化对他们的教育方式和教育途径提出的种种挑战。为应对这些现实中的新形势与新问题，基层精英们在具体实施农民教育过程中，需要时时根据变化着的农村情况和农民需求，及时调整农民教育方式，改变以往硬性行政管理或是传统权威统治的方式，探索出更灵活多样、弹性柔软的教育方式以及环境支撑型的教育途径。中华人民共和国成立之后的集体化时代，新近崛起的基层政治精英依托党和政府正式组织的政治权威，全面介入农民教育过程，以相对强硬的泛政治化方式进行农民教育实践，这在当时的社会经济政治环境中有一定的合理性，同时也具备相当的社会条件。从某种程度上讲，基层精英的这种教育方式从客观上促进了农民群体现代意识和集体观念的形成。然而，进入改革开放新时期，农村社会和农民群体在市场经济中发生了根本性变化，特别是农村居民的独立性和自主性增强，很多村民更倾向于从自身利益出发思考问题，对他们的教育和引导就愈发显得困难。

社会日益多元的发展与进步给基层精英开展农民教育活动带来困境的同时，也为他们探索更加灵活多样的教育方式和途径提供便利的条件和可利用的社会资源。基层精英们可以从历史与现实两个不同维度，思考和创造更多切合实际的教育途径，主要体现在以下几个方面。

一是依靠自身的实际工作起到身先垂范的作用，引导和带动农村居民完成自身现代化进程。基层精英在实际操作层面常常抱怨农村居民的流动与分化带来的协调难度和教育困境，却很少从自身工作态度和教育方式上进行反思和修正。市场经济条件下，越来越多的基层精英同其他村民们一样，往往从自身利益出发，未能履行其作为公众人物或是公务人员的义务和职责，特别是一些体制内基层精英还会利用职务之便，不惜侵害普通村民和村庄集体利益来达到自己的目的，这样的行为不仅不能在农民教育中发挥人格力量，取得预期成功，还会因为自身的行为偏差导致农村居民对党和政府教育活动的不信任和疏离。回顾党和政府在集体化时代的农民教育历程，虽说因教育方向偏离客观标准而最终导致失败，但是基层精英们大都能在农民教育中发挥正面的人格化力量，使广大农民群众紧紧团结在其周围，为国家的农村建设贡献自己的力量，形成上下齐心的教育形势。基层精英依靠自身的人格力量和工作态度在日常生产和生活中逐渐积累广大农村居民对他们的认可和支持，在相对世俗化和人际熟悉的农村社会中，仍然是必不可少的教育途径之一。

二是借助大众媒体的传播方式，对农村居民形成潜移默化的教育影响。现代社会中，大众媒体是社会变革的重要力量之一。因为大众媒体不仅能够弥合不同人群在获取信息方面存在的不平等差距，还能潜移默化地改变人们的思想观念和价值取向。中华人民共和国成立初期，党和政府就是通过迅速渗透至农村基层的广播等通信设施，建立起对农村居民直接宣传政策、施加影响的教育体系。随着社会的发展，大众媒体形式呈现出多样化的趋势：报纸、电视和手机等通信设施纷纷进入农村社会，特别是近年来在全球范围内兴起的网络媒体，已成为继传统媒体（报纸、广播、电视）之后兴起的"第四媒体"。这些大众媒体不仅使农村居民得以更快速及时地接受外部信息，丰富生活、开阔眼界，从而深刻地变革他们的生产方式和生活方式；还为基层教育精英和教育对象之间的沟通与互动提供重要的交流平台，使基层精英能够通过相对软性的途径和方式将教育内容传播至普通村民中间。接近传播媒介的个人或村落，要比那些不接触传播媒介的个人或村落更有现代的态度，更积极，以及更趋向于担任一个现代的角色，现代化的预兆与大众传播媒介的暴露程度之间关系密切。因此，大众媒体是基层精英更好地实施农民教育不可或缺的现代途径之一。

三是依托组织化力量，将农民组织起来，使农村居民得以在组织化的途径中获得现代社会所需的综合素质。在日益开放与流动的农村社会中，农村居民也面临不断分散和原子化的现实局面，这不仅不利于农村居民以相对整体和强势的姿态进入市场经济社会，还会使基层精英的教育影响被日渐分散与虚化的农村现状所消解。因此，基层精英需在市场化进程中，发掘并利用农村中的组织化资源，将农村居民团结在各种自愿性组织中，凭借组织化力量以及自身在农民组织中的权威和号召力，对广大农村居民实施有力的教育影响。

第二节　农民组织进行教育

市场化改革后，在农村地区日益开放的社会空间中，不断涌现出各种以现代化为特征的团体或个人，他们愿意以自身力量投入农村建设和农民教育中。依托这些农民组织，党和政府可以更好地调动农民进行自我教育与管理的积极性，从而促使农民群体在组织化力量中实现自身的现代化转变。不同类型的农民自组织始终以农民群体为主要成员，广大农村居民是农民自组织的主体成员，十届全国人大常委会第二十四次会议通过的《中华人民共和国农民专业合作社法》中明确规定，存在于农村社会的各种合作社的主体是农民，同时农民成员的比例至少应当占成员总数的 80%。这说明依托农民组织进行农民教育，其最终的落脚点在于激发农民群体自身的主动性和积极性，使他们能够在组织化的过程中实现自律与他律、自我教育与外部教育的结合。

一、农民组织的类型及其在农民教育中的作用

根据农民自组织的活动内容和组织功能，可将现有的、活跃在农村社会的农民组织划分为三类。一是服务于农村居民各种经济活动、

技术改良、专业协作等方面的农民经济合作组织。这类组织主要帮助农村居民更经济有效地进入现代市场，培养他们在城乡之间实现自由流动与择业的生存技能、竞争意识和现代观念。二是在现有制度框架内形成的基层村民自治组织。这类组织中，村民们通过自治方式达到"自我管理、自我服务、自我教育"的运行目标，主要反映出农村居民在社会交往方面的需求和民主政治参与方面的诉求，重点培养农村居民走出自己小家庭，迈向社会，与其他成员建立密切关系，同时积极参与基层政治建设的能力。三是文化娱乐组织。这些组织主要由一些热心公益、有文娱特长的农村居民组成，是农村居民在农闲时光中自发组织的休闲娱乐活动和文化享受形式。

传统时期中国农村社会中村民们之间不乏有一些不定期的、基于乡亲邻里关系之上的生产协作。然而，由于中国农民仍然是以家庭为单位进行农业生产，难以克服传统农村社会中"私"的特性，因此村民们之间的互帮互助和生产协作也仅仅是为应对自然风险，以传统关系为基础开展的小范围、非正式的合作方式。进入现代社会，特别是改革开放以来，市场经济给农村社会和农村居民带来了巨大改变。

一切固定的僵化的关系以及与之相适应的素被尊崇的观念和见解都被消除了，一切新形成的关系等不到固定下来就陈旧了。一切等级的和固定的东西都烟消云散了。人们终于不得不用冷静的眼光来看他们的生活地位及相互关系。分散而缺乏组织化的中国农民在市场经济中欠缺必要的竞争力，"小生产"常常无力应对"大市场"的挤压，使农村居民处于被动弱势的地位，基本的经济权益都无法得到保障。因此，通过建立各种类型的农民合作组织将农村居民团结起来，使他们完成从以血缘为主的传统合作形式转向符合社会化大生产的以契约为主的现代合作形式。

以经济组织为例，20世纪70年代末农村改革前，农村基层经济组织一般随社区行政框架而设立，带有明显的行政组织色彩，如供销社、粮管所、种子站等，在计划经济的体制下被赋予管理权威，它们履行的经济职能，实际上是国家政权的附属物。实行改革后，在农村地区建立的农民经济合作组织主要是针对农村居民的生产活动和经济发展需要，以规范的组织化形式在村民和市场之间建立密切有效的联系，以保障农村居民在市场竞争中的经济利益。同时，借助现代交往准则，这也能使农村居民在合作组织中培养起符合现代发展需要的综合素质。

相比国家层面上对农民政治权益的保障，对普通村民而言，在其所处的基层农村社会中，以自治组织形式保障农民的政治权益以及完善农民的公民素质显得更为切实。20世纪80年代以来，在农村基层实行的村民自治制度在法律与制度层面上规定农村居民通过选举进行村庄内部自我管理和自我教育的自治权利。然而，在税费改革之前，由于农村社会中人民公社的解体和集体经济的逐渐瓦解，国家转而通过村民自治组织（即村委会）来提取农村资源，村民自治组织实际上已成为乡镇向村民们征收各种税费的实施机构。村民自治组织与乡镇政府在某种程度上形成利益共同体，带有明显的营利性特征，非但没有成为农村居民自我管理的组织保证，还变相加重农民负担。

税费改革后，农村基层治理结构发生重大变化，国家不仅不再向农村居民收取各种税费，反而通过转移支付将一定的财政收入转到村级组织中，使村民自治组织获得更多发展资源。因此，基层村民自治组织完全有可能成为外部教育力量介入农村社会可以依托的重要组织资源，在外部协助中获得组织优化，从而使组织内的村民们得以提升自身的公民素质。

农村居民聚居方式相对分散，马克思曾用"一袋袋麻袋里的马铃薯"来形容农民善分不善合的群体特征，也就是说农村居民的非组织化特征常常使外部现代力量无法有效地与其打交道，更别说是对农村居民开展相关的教育活动了。相比近代社会，当前农村社会中的组织化程度更为低下。传统时期村民们生活在以血缘、亲缘和地缘为核心的人际网络中，人们彼此熟悉，构成了一个个联系紧密的熟人社会。然而，中华人民共和国成立后，先后相继的一系列政治运动以及改革开放带来的市场化变革，使农村社会中的自组织力量遭到不同程度的破坏，当然后者的影响更为深远。农村社会低下的组织化程度严重阻碍外部教育力量介入农民教育过程的有效性，同时也使在村农民的自我教育缺乏持续开展的基础。

因此，有必要探讨如何加强农民的自组织力量，使其在农民教育中发挥更重要的作用，促使农村居民既能组织起来，以集体的形式接受更多、更有效的现代教育成果，又能在各种农民组织中获得实际的锻炼和成长。不同类型的农民文娱组织形式对农民教育具有非常重要的作用，主要体现在以下三个方面。一是它有助于村民实现自我价值。处于分散与流动中的农村居民对自己所处社区的认同感日益降低，这使越来越多的村民们失去实现自我价值的精神文化家园。重新将农民组织起来，使他们在组织中获得归属感和认同感，无疑能够使他们重新寻找到自我价值的定位。二是农民组织有助于消除人类精神上的某种匮乏性和不确定性。村民在分散的生产和生活中时常感到自己对生活的无能为力，由于缺少信息沟通，使他们常常陷入对未来的迷茫中。村民们在组织中增加了外部现代信息的来源和渠道，从而有助于消除信息的匮乏性以及他们对未来的不确定性。三是通过组织活动以及成员之间的情感交流，可以使村民们得到更好的精神抚慰。

二、依托农民组织发挥农民教育的独特作用

不同类型的农民组织在农民教育中发挥作用的途径也存在差别。通过深入分析当前农村社会中农民组织的具体运作方式得知，农民经济合作组织、基层村民自治组织和文化娱乐组织分别以不同的方式与路径，实现其对农民教育的独特作用。

首先是农民经济合作组织，它一般通过如下步骤对农民进行日常生产和生活教育。

第一步是当地农村居民利用外部教育力量的优势资源，建立符合自身经济需要的合作组织。在农业生产、经济发展和行业拓展等方面，农村居民可以借助的外部教育力量主要有以下三类。

一是以企业为主的现代经济组织，有些是产生于农村社会的乡镇企业，有些是依托农村社会各级产业的初级企业，也有一些是以农村居民为消费对象的企业，他们往往对关乎自己生存和发展的农村社会较为关注，有可能通过各种形式与农村居民建立合作关系，参与农民教育过程。

二是由专家、学者和大学生们组成的知识分子。他们关心农民问题，有志于协助农村建设，正如邓正来所说，中国的知识分子，一般

都具有现代意识和现代化知识……在教育、启蒙、文化建设、研究、理论指导等方面起着不可替代的作用，他们是推进和指导市民社会经济健康发展的知识源泉和动力资源。

三是各种以农村居民为服务对象的非政府组织。在农村现实社会中，非政府组织实际上承载了许多传统意义上属于政府管辖、如今由政府主动或被动转移出来的社会服务与协调职能；或是一些政府无力主导，市场经济主体又不愿参与的社会效益大于经济效益的公益活动。

不同类型的外部教育力量也发挥着不同的角色作用：企业等现代经济组织主要是让渡自己的经济利益，以委托加工、原料订单、出资赞助等方式引导农村居民建立相应的合作组织；知识分子或非政府组织则主要是贡献人才、知识等力量，帮助农村居民建立各种专业化的合作组织。农民经济合作组织创建过程中，还需要借力于地方政府的主导力量和村庄精英的协助力量，他们在组织建立中分别扮演牵头人和协调人的角色，这对以农民为主体的经济合作组织而言非常现实且必要。创建属于农民自己的经济合作组织对农村居民而言，本身就是一个克服一己私利、培养现代合作意识的学习过程。在此过程中，农村居民需要突破原先以家庭为单位开展的合作关系，与村庄中其他人群建立信任互助的关系，这是现代人生存和发展的基本素质。

第二步是在组织运作中，农村居民通过平等商议，建立规范的组织章程和管理办法，以保证农村居民在正式的组织形式中依规则办事，确保农民组织更好地履行其服务职能。农民合作组织不仅能够依托组织力量向广大农村居民传播先进的文化知识和科学技能，帮助他们更高效地从事农业生产活动，合作组织能够承担更大的风险和学习成本，对推动新技术的新的耕作方式具有无可争辩的意义；还能使农村居民遵循市场经济交易原则，建立难以在农耕活动中生成的效率意识、时间意识、信用意识、契约意识、责任意识和权利意识等现代意识。

基层村民自治组织实际运作已有 30 多年，是相对成熟的农民自治组织。在新型乡村治理结构中，村民自治组织具有两方面的优势。一方面是村民自治组织选举产生的组织领导——村主任，在身份上也是农村居民，并不具备国家干部的身份，这不仅消弭了村主任和其他村民之间的身份差异，使其更易于亲近普通村民，还使全体组织成员在身份上更加平等，有利于组织的公正运作。另一方面是《中华人民共和国村民委员会组织法》明确规定农村居民具有选举组织领导和决定组织重要事项的权利，这一制度使农村居民初步养成了平等自主的权利观念，成为现代公民素质形成的基础。但是，不得不面对的现实困境是，由于受到市场经济带来的流动与变迁的冲击，以及农村社会中传统宗族势力或是黑恶社会势力的影响，村民自治组织选举的公正性和运行的独立性仍然遭受重重考验。因此，需要在农村日常事务管理中，引导农村居民合法、合理地行使自身的政治权利，从而促使基层村民自治组织良性运转，使农村居民的素质得到提高。

此外，还能依托村民自治组织来管理并运用村庄公共资源，进行村庄内部的公共文化事业建设，引导村民们通过民主协商和集体决议的办法对公共文化事业进行监督和运作，这不仅能使农村居民们树立起协同合作的治理精神，还能使他们在共同管理和运作中培养现代公民素质。贺雪峰教授带领的知识分子团队曾在湖北五村主持过相关的乡村建设实验，"每村每年投入 4 万元建设村庄公共品，我们规定，投入每村的 4 万元只能用于公共品建设，且只能由村民代表会议决定建设何种公共品、如何建设"。这一实验最终不仅促进了当地农村公共文化事业的建设，还使农村居民们在共同进行公共文化事业的建设中培育了自身的公民素质。

文娱组织通过有组织的闲暇方式，帮助农民合作起来，形成文明乡风，建设和谐农村，村民家庭和美，人际互动良好，就会使农民在村庄生活中，获得更多精神上的安慰，村庄成为外出农民的"乡愁"，在农村社会与农民之间建立密切联系，满足农村居民的精神文化需求。改革开放之后，农村居民仍面对一些现实问题。首先，中国人多地少，农业生产中广泛推广机械化和轻便化，生活在农村中的村民们拥有越来越多的农闲时光。如何使这些大量的闲暇时光更有价值、有意义，是有必要进行思考的文化问题。其次，除迁移至城镇社会的务工人员外，留守在农村社会的村民们在现代性的渗透下，越来越原子化和弱势化，如何将这批人有效地组织起来，使他们在组织中实现生活的意义，是值得思考的文化建设问题。

因此，只有创建形式多样的文娱组织，才能丰富农村居民的文化生活，陶冶他们的道德情操。当前，中国农村社会中大多数年富力强的农村居民都经由各种途径转移至城镇社会从事非农行业，留守家中的多是老人、妇女和小孩，由于文化程度低下和个人素质不高，他们的精神文化世界空虚。通过建立相应的文娱组织，来重建这些人的生活世界，能够满足留守村民的精神文化需求，重建村民们的精神家园。从目前很多乡村建设实验中发现，通过创建文娱组织介入农民教育过程的做法，无疑是依托农民组织进行农民教育最直观有效的方式。

从已有的文献资料可知，已经取得局部成功和初步成效的主要有中国农业大学何慧丽在河南兰考挂职锻炼时创办的文艺队、老人协会以及温铁军创办的晏阳初乡村建设学院。不论成功与否，他们都从实际操作层面证明了文化建设的必要性和可行性，因为农村建设和农民教育关键的问题在于实现农民由传统人向现代人的转变，在农村实行现代化的文化建设。

创建多种形式的文娱组织，进行农民教育，需要在以下几个方面做出努力，以此达到丰富农村居民道德和精神文化追求的教育目的。一是以外力嵌入的方式激发本村居民的文化积极性，通过深入的宣传与发动，使他们自愿建立此类文化组织。当然，外力的嵌入还应以村庄内部精英为主要发力点，有针对性地对村庄内部的活跃分子和积极分子进行动员和引导，使他们明确文娱组织的方式和功能，并能配合进行创建工作。二是借助发动起来的本村居民，为他们提供进一步开展活动的必要支持，除提供相应的物质条件支援外，还应协助他们与外界沟通，更多地利用外界资源进行文化建设。这些可借助的资源包括政府部门、专家学者和媒体力量等，使文娱组织在村庄精英的带领下实现低成本、高效率的运转。三是可以适当地引入以大学生为主的知识分子团体，参与具体的文化娱乐建设，引导有志于参与农村建设的大学生们利用暑期下乡实践的机会，凭借自己掌握的文娱技能，广泛地参与农村居民的文化娱乐活动，帮助他们掌握更丰富的文娱技能。

第三节 合理设计农民教育内容

基于上述章节的分析，不论是作为教育主体的党和政府，还是作为教育多元力量的基层精英和农民组织，各种现代力量都是依据各自的发展逻辑和教育路径深入农村地区，通过不同的方式进行农民教育。由于不同的教育力量都是在中国现代化转型的大背景下思考和解决农民教育问题，这就决定了其在农民教育目标和内容选择上具有相似性。不同的教育力量进行农民教育的实践活动，始终要依托具体的教育内容，即通过教授农民什么，来帮助农民获得符合现代社会发展要求的综合素质。因此，合理地设计农民教育内容，是整合不同教育力量，共同促进农民教育发展的重要因素。如何合理地设计农民教育内容，主要基于三个方面的条件。

一是根据不同历史时期社会发展的现实需要。由于处在不同发展阶段的社会结构和时代背景不尽相同，对身处其中的人类群体的综合素质要求也存在较大差异，因此对具体的农民教育内容也会进行不同的设计。在中华人民共和国成立后的集体化时代，主要通过农业集体化道路和农业支援工业的发展方式，实现国家的现代化和工业化，由此决定了党和政府对农民的教育主要侧重于农业生产技能、协商合作能力和对集体的服从态度等方面。改革开放以来，中国社会不断呈现出多样化发展特征，对农民群体的教育内容也因此拓展到基本生存技能、现代意识、公民素质和道德文化追求等多个方面。

二是依据农民教育实践活动的具体目标而设计。农民教育的主要内容实质上是为满足不同的教育目标而实施的各方面教育。改革开放以来，党和政府的农民教育目标集中体现在对农民个体现代化的追求上，个人的现代化包含从经济条件、政治参与到道德追求等不同层面的素质要求。因而，现阶段的农民教育内容主要是在农民现代化目标指导下，对农民的基本生存技能、公民素质以及道德与精神文化追求等方面进行教育设计。

三是有针对性地回应当前农村社会中农民教育所面临的现实困境。结合农村调研的现实材料和已有的文献资料可知，当前中国农民教育存在三个方面困境，分别是封闭与落后的基本生存技能困境、政治边缘化的公民素质困境以及处于传统向现代过渡的道德和精神文化困境。新形势下进行农民教育活动，必须有针对性地以上述三个方面困境为解决目标，从而合理地设计符合农民发展需要和社会发展要求的教育内容。

一、完善农民现代生存技能

当代中国农民教育，其最基本的内容是完善农民的现代生存技能，因为这关乎农村居民从事农业和其他产业的生产能力和发展可能，也是农村居民在社会发展中实现自身存在价值和发展需求的基础。传统农业社会，农村居民生产生活技能的培养，大多是依托代际传承，在单个家庭范围内实现由父传子的技能传递。这种生存技能的授业方式古老而保守，通常是依据父辈们在长期农业生产中积累的知识和经验，借由实际的农业耕作活动向青年农民们传授。随着现代化带来的技术革新和工业发展，传统社会狭窄落后的农民教育内容已逐渐不能适应社会发展的需要，取而代之的是对科学知识、农业科技和机械化操作等现代农业技能的需求。特别是进入改革开放以来的中国社会，生产力的快速发展将原本固守在土地上的农村剩余劳动力解放出来。越来越多的农村成年农民走出农村，迁移至城镇社会，寻求其他非农产业的工作机会。在目前城乡流动的背景中，完善农村居民的现代生存技能，应该在以下三个方面的教育内容上进行考虑。

一是依托学校组织形式进行的文化知识教育。学校教育能够为农村居民提供促使其发展的最基本的文化知识，这是全体农村居民更好地实现自我发展，并获得更全面技能的重要基础。通过回顾世界不同国家或地区的农业发展历程和农民教育过程，不难发现，决定其农业与农民发展最终成效的，往往是这一地区农村居民的文化知识水平。文化知识教育主要包括识字、算术和读写等方面的技能培养，这些基本知识的教授无疑为身处农村社会的居民们开启了一扇通向现代化和城镇化的大门，帮助他们取得与这个世界的密切联系，从而获得更多的受教育机会。不仅如此，学校中的文化知识教育还会丰富农村居民的精神世界，拓展他们的认知视野，使他们更正确地认识自己，改变自己。在实地调研中发现，农村居民的文化知识水平与他们对自身行动能力的认可程度呈现出较明显的正相关态势，即文化知识水平较高的村民，更倾向于相信自己的能力，并对自身未来发展充满信心。这主要是因为文化知识教育使他们具备识字、算术和读写的能力，他们可以凭借这些技能更好地和外部世界沟通，同时向外界表达自我。

二是对成年农民实施的专业技能培训和农业科技培训。处于城乡流动中的农村居民拥有越来越多的就业选择权，他们既能自由地迁移至城镇社会，在各种非农产业中谋取职位，又能选择留守农村社会，从事农业或其他周边产业。当然，择业自主权的实现也是有条件的，即农村居民必须具备相应的专业技能或是农业技能，这些生产技能的教育是完善农村居民现代生存技能的核心环节。对有志于迁移至城镇社会的农村居民，党和政府需要对其进行恰当的引导和支持，对他们实施的教育内容，多是根据城镇社会中工业发展需要和第三产业需求设定的职业技术培训。对愿意留守在农村社会，从事农业及周边产业的农村居民，主要是对其进行职业农民的培训，将农业科学技术与市场竞争准则相结合，从专业化的角度，设计内容丰富的农业技术培训。

三是保障现代信息的流动渠道畅通，实施现代意识教育。现代生存技能教育还涉及现代意识的培养，在进行文化知识教育和科学技能培训的基础上，必须保障各种现代信息进入农村社会的渠道畅通，帮助农民有机会机接触到更多、更先进的科技信息和发展理念，潜移默化地培养他们诸如时间观念、市场意识、接受新生事物的能力以及理性科学的思维方式等现代意识，这样才能确保他们在社会发展中不断完善自身的现代生存技能。

二、提升农民的公民素质

处于现代社会的农民，不再是传统意义上纯粹的农业劳动者，而是承担越来越多社会角色的现代农民。面对更加复杂的社会结构和更加多元的角色定位，农民群体自身也在实现着由传统"臣民"逐渐向现代"公民"转变的过程。在此过程中，提升农村居民的公民素质，是农民教育的主要内容之一。一方面，农村居民的政治权利是实现其个人现代化的重要方面，通过参与政治活动和公共事务来实现自身的存在价值是农村居民的发展需求之一。改革开放后，随着经济的发展和民主政治的推进，农村居民享受到更多的政治权利，2009 年《中华人民共和国选举法修正案草案》提出在人大代表选举中取消城乡差别，首次实现同票同权，从法律角度保障农村居民的选举权益。政治体系之所以是现代的，是因为它们依靠于独特的、难以逆转的社会经济变化的结果。这种变化从多方面影响了政治体系。总体来说，这些变化既大大提高了为解决新问题而协调社会行动的需要，又大大增加了社会成员扩大政治参与和广泛表达政治参与的可能性。另一方面，农村居民在日益扩大的社会交往中，越来越多地感受到新的社会规范的约束，如何通过教育使农村居民更好地适应现代社会规范和交往准则，是公民素质教育涉及的重要内容。在农村社会中，提升农民的公民素质需要开展以下三个方面的教育。

一是民主与法制观念的教育和引导。中国传统农村社会是以血缘宗亲为关系纽带建立的，传统农民往往习惯于以家庭为单位开展社会活动，社会交往带有明显的远近亲疏观念，常常无法摆脱亲情裙带所造成的影响，这些传统观念至今仍然影响着农村地区的基层政治运作和村民政治参与。从政治发展角度来讲，党和政府需充分认识到农村居民在民主法制观念上的欠缺，通过一系列普法讲座、政策宣讲和基层民主实践过程，培养农民的民主意识和法制观念，促使他们在现代政治体系中更好地实现自身的权益。

二是培养有序参与政治活动和遵守社会规范的能力。政治活动和社会日常交往是人类进行的基本人际互动，前者反映出人类群体集聚在一起，共同解决所面临问题的群体形式；后者则表明在复杂的社会生活中，为了调节人们之间的关系、维护正常社会秩序，对每个社会成员形成的规范与约束。传统时期的农民，大都是远离政治体系之外，生活在较为闭塞且人际关系较为简单的农村社会中。随着社会的进步和民主政治的发展，农村居民不得不面对愈发复杂的政治环境和更加多元的社会角色，需要及时向他们输入现代民主政治的参与方式和社会和谐的交往准则，在实际的政治活动和社会交往活动中，培养他们有序参与政治和遵守社会规范的能力。

三是进行社会主义主流价值观念的宣传。作为新时期社会主义建设者的农民群体，他们对现有政治体系的认同和对社会主义主流价值观念的认可，是其公民素质教育的重要内容之一。20世纪70年代末80年代初开始的市场化改革，在将中国的农村和农民引入现代化发展进程的同时，也不可避免地带来了各种各样的不良思想。对农民群体实施的主流价值观念教育，一方面是为了帮助农村居民树立正确的世界观和价值观，另一方面也是为农民群体的全面发展奠定坚实的思想基础。

三、丰富农民的道德与精神文化追求

现代化的发展除带来高新科技、城乡流动和全球化的交往外，还会对原有的社会结构和交往方式产生重大冲击，正如亨廷顿的描述，现代化不免带来异化、沉沦、颓废和无常等一类新旧价值观念冲突造成的消极面。在新的技能、动力和才智能在社会上站住脚并创立新的社会组合之前，新的价值观往往会破坏社交和权威的旧基础。中国农村社会在改革开放后，经历着现代化发展带来的诸多变动，很多地区的农村社会都在不同程度上出现了空心化和原子化的发展趋势。在全球化市场经济不断侵入下，农村居民的道德与精神文化生活遭遇到前所未有的挑战。同时，人们的需求是多种多样的，除了基本生存层面上对物质条件的需求之外，还需要在群体中实现与他人的交往需求以及更深层次上的精神文化需求，也就是说人们的行动不仅仅是表现出大众所具备的经济理性和市场逻辑，还表现出社群文化行动的特点。对农村居民而言，农村社会是承载他们物质生产和精神文化生活的主要场所，除完成必要的生产活动外，他们还依托农村社会实现自身在道德归属和精神文化方面的追求。因此，在当前发展形势下，应对农村居民实施道德与文化生活上的引导和教育，不断丰富他们的道德与精神文化追求，帮助他们在更深层次上实现自身的存在价值。

道德和精神文化追求反映出农民教育内容中较高层次的设计，体现出农民教育的文化归宿。在现代化转型背景下，思考和解决农民教育问题，不仅仅是从人力资源的角度出发考虑如何帮助农民获得成长与发展的生存技能，也不仅仅是引导农村居民在社会交往和政治参与中扮演更合适

的角色，更是期望通过设计恰当的教育内容，使农村居民获得道德上的认同感和精神上的归属感，满足他们道德与精神文化上的需求。

在设计这部分教育内容时，需要从两个方面进行考虑。一方面对农村居民实施道德规范教育。中国传统社会有一整套道德标准和行为准则，尤其在农村社会，村民们之间密切频繁的人际互动，使每个人都在明确的道德规范下行事，强大的村庄舆论也使大多数村民都能恪守规范。然而，进入现代社会，在市场经济的夹裹下，农村居民还未能完全接受并建立现代道德规范，处于旧破新未立的转型困境中。对此，外部教育力量需要将新的道德准则和行为规范输入农村社会，并向农民群体进行宣传和教育。这些现代道德规范主要包括社会公德、家庭美德和职业道德等方面。另一方面是丰富和满足农村居民在精神文化上的追求。作为社会群体的一部分，农村居民在人民体育、大众文化和文娱休闲方式上有自己独特的内在需求，而现有的文化产品市场和文化服务市场未能很好地满足农村居民在精神文化上的更高追求。针对这一现状，不同的教育力量必须充分发展各自的资源优势，更多地向农村居民提供可以满足他们精神文化追求的产品和服务，并在此过程中丰富农村居民的道德和精神文化追求。

第四节　构建良好的农民教育环境

对当代中国农民教育问题的思考和探讨，始终集中在农民群体生产和生活的农村社会中。对于大多数农村居民而言，他们所在的行政村，不仅是承载他们再生产功能的场所，还是他们生存的精神空间，是他们本土的道德世界。对处于现代化转型期的中国而言，农村社会不仅为占据人口大多数的农村居民提供了一个完成自身生产和生活意义的空间，还为农民教育过程提供了一个相对开放的客观环境。不同的社会环境在性质上不尽相同，有些环境具有强有力的影响，有些则影响较弱，所谓具有强有力影响的环境，是说它在使人们向新的生活方式转变时具有较强的力量，并且，不同环境的特殊性质，会使置身于其中的人们在人格形成上也深受影响。通过在发展中国家进行的研究发现，社会环境形成个人习性的理论，是能够用测量的方式得到检验证明的。因而，如何构建一个新型的农村社区，使之前探讨过的外部教育主体和多元参与力量，能够与村庄内部的基层精英和村民们形成相互和谐有效的接洽关系，共同建设一个能够促进农民教育过程朝向现代化良性发展的教育环境，这对于探索当前农民教育的有效途径无疑非常关键。

从某种意义上说，建设新型农村社区是当前农民教育过程的最终落脚点，因为各种现代力量必须作用于农村居民长久生活的农村社区，才能进而全面影响农村居民的综合素质，并使这种教育影响得以在长时间内延续下去，或者说并非教育本身，而是那些与教育密切相关的社会条件和环境以及它们的影响，才能够作为对个人现代性的真正解释。农村社会俨然已成为各种现代教育力量共同施力的环境空间，作为现代社会共同体的形式之一，它同时承载着生产生活与政治文化等多重意义。

乡村既是人们的生产空间，也是人们的生活空间，用德国学者滕尼斯的标准来看，它是一个天然共同体。人们只有在社会生活中，才能获得实现自我的条件，只有在共同体中，个人才能获得全面发展其才能的手段，也就是说，只有在共同体中才可能有个人自由。建设新型农村社区，实质上是为农村居民建构一个对其实施现代化全面教育的良好环境。

在现代化进程中，农民教育开展的时空背景——农村社会，实质上是现代性、国家与地方性知识的角力场。代表外部现代化力量的国家与代表传统价值的本土势力综合作用于农村社会，这不仅体现为外部与内部的交汇，还体现出外部嵌入式行为方式与本土自生性秩序规范的交锋，这种现代与传统的碰撞与融合不只反映在生产和经济活动等物质层面，还反映在政治文化和道德追求等精神层面。然而，在现实发展中，最常遭遇的困境是由于资源与财富分布不均，造成农村社会发展远远滞后于城镇社会发展，由此决定了农村居民在现代化素质和精神文化方面的落后与缺失。

因此，针对这种农村建设与农民教育的双重困境，需要立足于农村社会，综合多方面积极因素，为农村居民提供足以支持他们迈向现代化的综合素质教育，这主要涉及两个方面内容。一方面是为留守在村庄的村民们创造一个良好的教育氛围，通过调动村庄中的非市场因素，进行农村社会建设、文化建设和组织建设，可能为农民增进大量非经济的福利，从而使农民在经济收入外，获得文化性的社会性的好处，即获得体面和尊严上的好处。另一方面是为有志于向外发展的农村居民提供相对公正的教育机会，农村社区面临的重要问题，是需要培养过剩青年的适应能力和潜能，以便当他们迁移出去时，能适应城市环境，减少他们将遇到的社会和教育不利条件的影响。无论如何，所有的教育努力都必须在新型农村社区的构建中展开。

一、农民教育环境的构成要素

对农民实施的现代化教育既包括对其生活的以家庭为单位的私人空间施加的影响与改变，也包括对农村居民们聚集的公共空间的建设与改善。本节中探讨的农村社区建设或称为农民教育环境的构建，主要是从村民们经常活动，并由此形成人际互动的公共空间入手，集中探讨构成农民教育环境的各种现实要素，以及与之相关的教育主体和参与力量能够作出的相应贡献。

公共场所指村民们进行经济活动、社会活动和文化活动的基本范围，是含有地理和人文双重意义的空间结构，为农民教育的开展提供基本的空间范畴。从社会学角度来讲，空间使社会中的主体相互作用成为可能，相互作用填充着空间，并使此前空虚的和无价值的空间变为某种对人们来说是实在的东西，康德就此把空间视为"待在一起的可能性"；安东尼·吉登斯则认为空间是提供人们共同在场的情境，"村庄社区绝对是最重要的场所，在这个场所内构成并且重构了时空的各种接触"。农村社会中的公共场所为生活其中的村民们提供日常活动和人际互动，并由此形成一定社会关联的场合，这些场合主要指诸如集贸市场、寺庙、祠堂以及村委会所在地等村庄内部的活动区域。随着农村经济的发展和现代性的增长，公共场所的所在地也呈现出显著变化，由原先传统时期的寺庙和祠堂等场所，逐渐转移到集贸市场、村委会所在地或是村校附近等地方。

公共场所的具体所在地主要由两个方面因素决定。一方面村民们必须性活动的分布范围。农村居民公共生活的场所主要围绕其生活的基本需要展开，他们必须到集贸市场采购日常用品，也习惯于到村委会所在地接触一些农业信息或是上级政策，还时常到村中开阔的场院、村校附近开展自发的文娱活动，上述基本生活需要构成农村公共场所的区域范围。另一方面是环境设施的条件优劣。这主要涉及所选场所的客观条件：场地是否宽敞，能否弹性地容纳更多村民；自然环境是否能够为村民们提供休闲的氛围；是否具备一些简单的文化休闲设施，这些条件的优劣成为公共场所选取的参照标准。由此可知，为农村居民们建设一些友好和谐、功能齐全的公共场所是顺利开展农民教育活动的前提条件。

在此过程中，作为农民教育主体的党和政府无疑是公共设施的建设者和公共场所的提供者。各级政府要切实加强村庄规划工作，安排资金支持编制村庄规划和开展村庄治理试点；可从各地实际出发制定村庄建设和人居环境治理的指导性目录。同时，一些发达国家的农村建设经验也表明，社区公共场所的规划是乡村社区规划的重要内容之一，规划者十分重视社区会场、舞厅、娱乐中心、游泳池等公共空间的建设。因此，由党和政府出面，为农村居民规划建设符合他们切实需要的适宜的公共场所，能够为农民教育活动的开展创造一个良好的外部环境。

核心人物指在农民教育环境中对各种公共事务较为活跃和积极的分子，他们通常是村庄内部的基层精英或是具备知识和见识的年轻村民。由于资源占有的优势，以及对公益事业的热心，他们往往成为公共事务的发起者和参与者，能够有力地推动农民教育活动。在仍旧以人情关系作为交往基础的农村社会，核心人物在农民教育过程中起到其他要素无法达到的作用，主要体现在对其他村民们思想意识和行为习惯等方面的影响和改变。通常来讲，核心人物的产生有可能基于两种不同的资源占有情况。一是基于传统血缘关系上的宗族领袖或是村庄内素有威望的长者，他们的权威体现着农村居民对传统风俗和规范的向往与认同，他们所发起的文化活动也多集中在祭祀、宗亲活动等传统领域。二是基于现代社会关系上的致富能人、回乡务工人员、退伍军人等，他们由于具备现代化的知识和技能，并且四处闯荡，颇有见识，因而乐于积极参与村庄内的公共事务，并通过发表言论和实际参与，成为教育环境中的主导人物。

若想成为农村社区内公共生活的核心人物，需要具备以下三种超乎其他村民们的素质。一是具备一定的知识技能和信息来源；二是热心公益事业，愿意让渡私人时间为其他村民们服务；三是拥有一定的人际网络关系，这是从事公共事业必需的群众基础。

不论是作为教育主体的党和政府，还是外部多元参与力量，都无法直接成为农村社区内的核心人物，因为核心人物必须长期生活在农村社会内，并一直持续地参与村庄公共事务。因此，只能通过引导和激发村庄内部精英的积极性，通过对他们灌输现代化的理念和规范，才能达到教育和改变广大农村居民的目标。

人际关系指从社会内部不同主体的日常生活实践来描述人与人之间的一种关系状态，这种关系状态不仅包括一般人际互动关系，还包括具有行动能力的人们在特定场景中所发生着的带有特殊行动意向的一种相互关系。

村庄内的人际关系一方面体现出作为社会行动主体之间的互动关系，以及在其中呈现出的一致行动能力，即所谓的"社会关联"；另一方面体现出行动主体在一定公共空间内形成的行为规范，或称为社会内部秩序。

一般而言，身处同一个村庄的人们，由于相似的生活场景和大致相同的生活体验，同时也面临着相差无几的社会现实问题，因而，在他们之间极易产生"同感""共识"，乃至共同认可的"价值观念"和"行为规范"，从而为他们采取一致行动提供现实依据。这种现实依据能把原先较为分散的社会成员编织在一张张相互关联的网络中，使大多数成员都能依据既有的行为规范来行事。农村社会公共空间中的人际关系，是当地社会与文化体系的一个反射。

团结紧密以及和谐有序的人际关系，将会有利于乡村公共空间成为精神文化建设和农民教育过程的重要场所。尽管农村社区中的人际关系相对简单，但是依然会存在多种多样人际互动的可能性，因此通过外部教育力量的引导和规范，以及村庄内部精英的亲身示范和积极协调，建立一个良好的人际关系和社会秩序，能够对农民教育过程产生正面效应。

不仅如此，外部教育力量介入农村社会，若想在公共文化和农民教育中发挥应有的积极作用，必须结合村庄内部具体的人际关系状况，才能达到预期效果，因为正式约束只有在社会认可，即与非正式约束相容的情况下，才能发挥作用。

公共生活内容指人们在公共空间内进行的各种活动，主要包括聊天、商业（买卖）活动、日常娱乐活动、节庆假期的庆典活动，以及参与社区基本行政事务。人们在长期稳定的交往与沟通中，建筑起特定的村庄文化生活平台，构成了农村居民教育实践的具体过程。

基于不同的分析视角，可将村庄公共生活做不同的分类，一是根据农村居民参与公共生活的强度来划分，可以分为必须性活动和自选性活动。前者指村民们在生活中必须从事的活动，是由人的生理需要和基本社会角色共同决定的，主要包括购买生活用品以及参加村民大会等。后者指村民们根据自己的意愿和需要，可自由选择是否参加活动，主要包括聊天、日常文娱活动等。以党和政府为核心的教育主体以及企业、知识分子组成的外部多元教育力量可以利用上述两种公共生活类型，积极地参与到必须性活动中去，采取多种形式在人们最频繁的公共活动中发挥更多的教育作用；还可以拓展更多自选性公共活动，吸引农村居民加入其中，并在此过程中对村民们实施有效的教育影响。二是根据公共活动的内容构成，可分为传统型活动和现代性活动。传统型活动主要是指各种与血缘、宗教等密切相关的祭祖、宗族等活动，带有明显的地方文化特色；现代活动主要是指各种以市场交易为准则的经济活动，以及各种现代化的文体活动和娱乐方式。

很多时候，传统与现代相交织，很难明确地划分这两类活动的界限，但这不影响外部教育力量对其介入和参与。他们仍然可以借助上述两类公共活动，将现代性的因素导入农村社会，对农村居民施以实际的引导和教育。更进一步来讲，公共生活内容还在深层次上影响着农村社会结构和农村居民的日常生活。一方面，它体现着农村社会以社区为核心所形成的社群文化行动的表达方式，是维系农村社会的共同记忆和传统纽带。所有的这些活动、行为背后的信念和知识支撑点，都是社群文化行为所需要的，都是一个社群的生活方式所需要的，而大都是不符合经济利益最大化和市场配置资源的行为。凡是一个社群生活的地方，必定需要这些行为，才能保持社群的整合，才能让社群中的中下等的民众感到全面的人的生活所需要的东西。另一方面，公共生活内容形成的舆论氛围，对维护村庄共同体具有非常独特的作用。社会舆论是蕴藏在人们思想深处共同的心理倾向，由大多数人对社会生活中的人物与事件发表意见而外显出来。

在村庄内，村民们通过口头交流，将意见予以扩散，最后引起广泛的共鸣，成为一种共同信念，具有一致利害关系的社会群体往往容易形成这种共同舆论。它可以成为一种社会心理压力，影响和规范村庄成员的行为方式，也加强村民们的社区归属感，不仅是对自己社区身份的确认，还带有个体的感情色彩，包括对社区的投入、喜爱和依恋。因此，外部教育力量需要特别注意公共生活内容的这两方面特征，并适当地加以借助，从而为农民教育过程增添本土化的教育特征。

二、充分利用农村社会的本土资源

农民教育过程从本质上讲，是外部教育主体和多元力量对农村居民施加的以现代化为导向的引导和教育，以帮助农村居民在各个方面更好地适应现代社会的发展要求。在农村社区中，以现代化为导向的农民教育常常遭遇到的现实问题是传统与现代的冲突与融合问题。这不仅体现在农村社会的发展历程中，还体现在农村居民的个人现代化进程中。

对处于现代化转型中的中国而言，这并不是一个新的问题，而是近代以来的中国始终需要面对和解决的文化问题。费孝通在晚年反思性地提出"文化自觉"概念时，也认为，"20世纪前半叶中国思想的主流一直是围绕着民族认同和文化认同而发展的，以各种方式出现的有关中西文化的长期争论，归根结底只是一个问题，就是在西方文化的强烈冲击下，现代中国人能不能继续保持原有的文化认同？还是必须向西方文化认同？上两代知识分子一生都被困在有关中西文化的争论之中，我们所熟悉的梁漱溟、陈寅恪、钱穆先生都在其内"。也就是说，中西文化碰了头，中西文化的比较，就一直是中国知识分子关注的问题，他们围绕着中华民族的命运和中国的社会变迁，争论不休，可以说至今还在继续中。

针对农村社区内的农民教育问题，现代性的增加并不一定意味着对传统文化的背离，甚至是彻底否定。相反，在现代化进程中，人们完全有可能保持传统，并使优良的文化传统以一种更多元的形式存在于现代社会中。同时，中国在改革开放以来选择的发展道路也表明，对传统的继承和保留，或许对后发现代化国家应对现代化带来的负面影响是有积极作用的。

特别是在国民更好地调适自己以适应现代社会方面，传统文化的合理保留能在一定程度上消解现代化带来的变动和不适，因此，外部教育主体和多元教育力量介入农村社区，对农村居民实施的现代化教育，需要充分利用农村社会的本土资源，激发农民自我教育意识，使农民教育过程得以在乡土社会中长久持续。

乡村地域文化中长期积淀形成的民俗文化传统，以及乡村生活现实中原本存在的许多合理的文化因素，对乡村生活和乡村生活秩序建构具有弥足珍贵的价值。换言之，乡村地域文化和社会关联中原本就潜藏着丰富的乡村教育资源。当前农村社会处于传统向现代的变迁中，在新的经济结构和社会秩序启动和发育中，传统社会以血缘和亲缘为基础的社会关系是村民之间建立互动关系的基础，也是获得实际资源的重要途径。特别是改革之后正式行政力量逐渐弱化的情形下，亲缘关系无疑是增加信任感和凝聚力的历史延承。以宗族组织为例，中国农民生活在以家庭为依托的社会关系中，对由家庭展开的宗亲关系最为熟悉，如果给当代中国农民一个机会，让他们选择一种适合自己需要的自治性组织，恐怕有相当多的人会选择他们最熟悉的传统形式——宗族。在开展农民教育的农村社区内，宗族组织等传统社会关系构成本土资源中的组织资源，可以说，中国传统农村社会是具有非常强大的组织能力的。现阶段，在农村社会自组织资源严重流失的情况下，对宗族等传统网络的再利用，也是提高村民自组织能力的策略性选择。因此，外部教育主体和多元力量需对以宗族为代表的农村社会本土组织资源加以改造和利用，使其在完成自身现代化使命中，创新内部组织机制和文化规范，为农民教育提供可资利用的组织力量。

文化资源也是其中的一个重要方面。农村社区内的文化传统和道德规范不仅为居民的日常言行提供了一整套完备的行为准则，还为村民实现人生的终极意义提供了一套解释系统和价值体系，使农村居民们得以在社区内实现生命价值的延续。农村社会不仅是农民的生产场所，而且是农民的生活和娱乐场所，不仅是物质生产的场所，而且是意义和价值的生产场所，就为低成本的劳动力再生产提供了绝好的空间，从而为中国赶超型现代化提供了机会。然而，现代化有可能瓦解农村居民对自身的认同和对精神层面的追求，日益泛滥的消费主义文化常常将村民们置于彷徨与失落中，既无法尽快实现自身的非农化和城市化转变，又无法使他们安于农村社会现有的生活。

随着社会现代化的进程，个人的孤独感日益深化。当标志着个人身份的许多传统尺度被无可奈何地抹去的同时，如何尽量保持每一个人的确定价值和他的历史性和归属性，是无比重要的。因此，农村社区所能提供给村民们的生活价值和精神安慰是农民教育中不可或缺的文化资源。现实中也不乏这样的案例，1919年贵州省定县石板乡腊利寨的寨碑，记载"父义、母慈、兄友、弟恭、子孝，夫妻有恩，男女有别，子弟有学，乡闾有礼，贫穷患难亲戚相救，婚姻死丧邻里相助。勿惰农业，勿作盗贼，勿学赌博，勿好争讼，勿以恶凌善，勿以富吞贫，勿以淫破义，行者让路，耕者让畔"。这些在当下农村社会仍然不过时的道德规范，体现出农村居民依托传统道德文化对自我的约束与教育，是现代化农民教育中非常重要的本土文化资源。

集体化时代形成的人力资源方面，不得不说，改革开放之前的集体化时代已然成为中国农村现当代历史的一部分，集体化时代所形成的影响农村居民整整几代人的道德规范和意识形态灌输，已经成为农村社会本土现实的一部分。但是由于多方面原因，对集体化时代这段历史的回顾与借鉴，显得颇为匮乏。在对文献资料的整理，以及对农村社会的实地调研中，常常会感受到集体化时代遗留下的诸多影响，其中最为明显的，一是部分农村居民对集体化时代村庄公共生活的怀念和留恋。虽然这种怀旧情绪多少带有对现代化市场经济发展的某种抗拒，含有非理性的成分；集体化时代全面政治化的村庄集体生活在一定程度上压抑了农村居民的生产积极性和创造力，也是这种情绪产生的原因之一。但是，部分居民的这种情绪说明农村居民对组织起来的公共生活非但不是完全拒绝，反而在这种公共生活中体会到了自身存在的价值，他们在哪怕是强制的公共生活中也体会到集体生活的快乐，因为这一时期尽管有政治运动与意识形态的强烈影响，村民们还是可以在相当程度上享受集体化的公共生活。所以，这也从另外层面说明，农村居民们在心理上需要组织化的公共生活，这为农民教育的开展提供了需求基础。二是集体化时期培养的有能力、有责任感和热心公益事务的村庄精英，他们是新时期农民教育可资借重的村庄精英的主要组成部分。不少乡村建设实验的现实发展都表明，村庄内部成长于集体化时代的许多村民，由于在政治化的村庄生活中培养了多方面的能力、为他人服务的品行以及丰富的群众工作经验，因而成为现阶段农民教育过程有力的推动者。

在调研中也不难发现，担任村支书和村主任职位的农村居民多是在集体化时代就已有突出表现的积极分子或党团成员。可以说，集体化时代培养的人力资源是现阶段农村社会中值得借重的本土精英资源，能够以其人格魅力影响其他村民，帮助他们自觉地完善自己的言行。

三、构建现代的农村公共生活空间

农村社区为当代农民教育实践过程提供了一个客观的教育环境。对这一教育环境的设计与构建应该从多方面吸收积极力量，不仅要从村庄本土的传统资源中吸收进步力量，还要从外部现代化诸多优势中借助新兴力量。只有这样，才能达到对农村社区的重新建设，使农村社区在整体性规划的指导下成为有效开展农民教育的理想环境。近代乡建派学者通过深入的实践指出：“乡村建设不是任何一面可以单独解决的，而是联锁进行的全面的建设。因为社会与生活都是整个的、集体的、联系的、有机的，决不能头痛医头、脚痛医脚，支离破碎地解决问题。”从新农村建设的现实中也发现，“如果说最佳的现代社会运转模式是减低文化中断的影响，并顺利转变为社会文化适应的新的生活方式；那么，就必须立足各个乡村社区的整体性运转设计”。

在农村社区建设整体性规划中，最为核心的是广大农村居民的生活方式，这不仅关乎开展农民教育所达到现代化教育目标的有效性；

还关乎农村居民能够在农村社区内实现自身生存价值的教育完善过程，站在农民主体立场上的新农村建设的核心，是重建农民的生活方式，从而为农民的生活意义提供说法；是从社会和文化方面，为农民提供福利的增进；是要建设一种"低消费、高福利"的不同于消费主义文化的生活方式，也就是要建设一种不用金钱作为生活价值主要衡量标准，却可以提高农民满意度的生活方式。因此，在农村社区引入现代生活方式，通过构建新型农村公共生活空间，促使农村居民在其生存的村庄内部仍然能够享受现代化的完备的生活方式，并获得精神愉悦，这是在农村中开展农民教育的最终落脚点。

新型农村社会公共生活空间不论是在地域范畴上，还是在人员构成上，都与城镇中的公共空间有所区别。乡村为了追求成长，必须提升其结构的适应力，致使乡村社会更加分化，而必须重新予以整合。其重新整合以后的乡村社会新结构，是否必然是都市结构的形态，或者还有其他可能性的发展途径？需要进一步探讨农村中公共生活空间应该具有的特色，以便为农民教育提供一个良好的社会文化平台。

一是需要着力培养农村居民的现代思维意识。人们的意识能够为其行动提供基本的指导，在农村社会中引入现代生活方式，首先需要培养农村居民的现代思维意识，才能使他们接受并实行现代生活方式。改革开放以来，农村居民们逐步摆脱了人民公社时期行政化的公共生活方式，挣脱了意识形态对他们的束缚。在村民自治格局下，他们拥有越来越大的村庄社会公共生活空间，以及越来越多的生活方式选择权，体现出明显的自主性和能动性。同时，农村社区也日渐开放，在城乡之间流动的农村居民们开始逐步接受现代理念，并向往城镇现代化的生活方式。外部教育主体和多元教育力量应该更加畅通农村居民对外部信息的获取渠道，为他们提供更为切实的现代化信息以及建设新型公共生活空间的有利条件，满足他们在思想意识上对现代生活方式的迫切需要与渴望。事实上，仅凭异质文化的引进，短期间内社会结构容纳异质的能力仍不提高，结构的被动停滞不进，将会抵消乡村教育和建设运动的努力；其结果是没有普遍创新的能力，教育和运动无法成为乡民生存攸关的事务；教育和建设若与生存条件分离，就被一般民众看作不急之务，不会产生巨大的推动力。农村居民现代思维意识能够促使他们将对现代生活方式的认可与追求变为切实的行动，这是建设新型农村公共生活空间的心理基础。

二是需要积极引导农村居民的公共行为规范。新型农村公共生活空间还需要全体村民的积极参与以及在此过程中形成统一的行为规范，这正是现代生活方式的体现，也是农村居民获得教育的过程。村民们只有广泛参与公共生活，才能逐渐养成现代化的行为规范和综合素质。这一方面需要外部教育主体和多元教育力量介入公共生活，对村民们的行为进行督导和规范，使他们在潜移默化的影响中逐步养成适于现代公共生活的行为习惯；另一方面也需要绝大多数农村居民的配合，使他们在相互接触中互相督促，共同进步。我国台湾地区农村在现代化过程中约束村民行为规范的成功案例，提供了一种可以借鉴的思考。20世纪60年代，我国台湾广大农村地区在联合国倡导的社区发展计划帮助下，对农村社区和社区人员进行了统一的现代化指导与建设，其中一项重要措施便是在农村社区内建立小型的电影院，免费向农村居民播放影片。在观影中，村民们必须遵守电影院的相关规定，即排队领票入场、对号入座，以及在观看电影期间不得随意走动、大声喧哗、提早退场等。这些规定对于长期习惯散漫、喧闹的村民们而言有点过于严苛。但是，丰富的影片内容仍然吸引了很多村民，他们愿意约束自己的行为方式来观看影片。长久下去，这项规划取得了实质性的成功：这项运动结束后，大多数参与其中的社区村民都养成了较为良好的公共生活规范。

三是需要在城乡一体化的进程中建设农村公共文化空间。当前，农村社会已然不是封闭自足的传统社区，城乡之间的信息传播与人员互动越来越密切，因而有必要在城乡一体化的进程中建设农村公共文化空间，借助城镇社会在财政收入、文化资源和人力资源等方面的优势，将城乡文化发展统一起来，使更多有利资源由城镇社会合理有序地流入农村社会，为创建新型农村公共文化空间创造良好的外部条件。

第七章　新时代农民的科学素养培养

第一节　科学素养的内涵

一、科学素养的含义

什么是科学素养？对公民科学素养含义的理解和表述，随着社会和经济的发展不断变化而更新，而且有着深厚的时代背景。如今，对科学素养的研究尚处于研究完善阶段，还没有形成统一、广泛认可的表述。代表性的表述主要有以下几种。

国际经济合作组织（OECD）认为，科学素养是运用科学知识，确定问题和作出具有证据的结论，以便对自然世界和通过人类活动对自然世界的改变进行理解和作出决定的能力。

国际学生科学素养测试大纲（PISA）提出，科学素养的测试应该由三个方面组成：科学基本观念、科学实践过程、科学场景，在测试范围上由科学知识、科学研究的过程和科学对社会的作用。

美国学者米勒认为，公众科学素养由相互关联的三部分组成：科学知识、科学方法和科学对社会的作用，具体而言，具有足够的可以阅读报刊上各种不同科学观点的词汇量和理解科学技术术语的能力、理解科学探究过程的能力、关于科学技术对人类生活和工作所产生影响的认识能力。

欧盟国家科学素质调查领导人杜兰特认为，科学素养由三部分组成：理解基本科学观点、理解科学方法、理解科学研究机构的功能。

国际上普遍将公民科学素养概括为三个组成部分，即对于科学知识达到基本的了解程度；对科学的研究过程和方法达到基本的了解程度；对于科学技术对社会和个人所产生的影响达到基本的了解程度。只有在上述三个方面都达到要求者才算具备基本科学素养的公众。目前，各国在测度本国公众科学素养时普遍采用这个标准，我国也采用这一标准。

二、科学素养的基本内容

一般来讲，科学素养包含以下几个方面的内容。

（一）科技知识

科技知识是人类在认识自然、征服自然和改造自然过程中沉淀下来的智力成果。由诸多科技用语、基本概念、基本原理、基本规律等组成，是人类世世代代积累和传递下来的宝贵遗产。在现代社会，掌握基本科技知识是公民生存和发展的必要前提，是社会对其成员的基本要求。一个缺乏基本科技知识的人能很难适应社会，也难以积极地推动社会的发展。

（二）科技能力

区域科技能力是当前研究的热点，它指一个区域在科技资源投入、科技成果产出、科技对社会的贡献方面所具有的综合实力。但是，对个体而言，包含哪些内容尚无统一认识。笔者认为，个体科技能力主要指个体的学习、应用和创新能力。现代社会日新月异，科技发展一日千里，个体对科技新知的学习、掌握与应用越迅速、越全面，越能适应社会的不断变化，越可能在此基础上形成一定的创新能力，取得创造性的成果。

（三）科学方法

所谓科学方法，是人们探索求知、获取知识的途径和程序。它既是认知主体的主观手段和有效工具，又是客观规律的反映和应用。现代公民应知晓和掌握基本的科学方法并积极加以学习和运用。科学方法是通往真理的必要途径，是检验伪科学以及邪教迷信的有力手段。

（四）科技意识

作为社会意识的一种，科技意识是人们关于科技的心理、情感、知识和观点的总和。主要指个体对科技的作用和价值的认识与重视程度，尤其是关于科技对社会、对个人所产生的影响的了解和重视程度。

（五）科技品质

科技品质包括科学立场、科学态度、科学精神、科学作风等。简单地讲，科技品质主要指的是实事求是、自觉尊重和严格遵循客观规律，按客观规律办事，勇于探索和创新的品质。

公民科学素养五大要素构成了一个相互联系、相互影响的有机整体。其中，科技知识是基础，具有一定科技知识是增强科技意识、掌握科学方法的前提；科技知识的内化和升华有利于逐步形成个体的科技能力。科技品质是科学素养的核心，科学研究中蕴含着丰富多样的科学精神，充满追求真理、崇尚道德、积极进取的态度与价值观，是真善美的体现。科技品质是促进科技发展的精神动力。

三、科学素养的作用

马克思对科学技术的伟大历史作用做过精辟而形象的概括，认为科学是"历史的有力的杠杆"，是"最高意义上的革命力量"。近代以来，科技革命极大地推动了社会历史的进步。发生在 18 世纪 70 年代，以蒸汽机的发明为主要标志的科技革命，推动西欧国家相继完成了第一次产业革命，使资本主义生产迅速过渡到机器大工业，为资本主义生产方式的确立奠定了物质基础。发生在 19 世纪末 20 世纪初，以电力的发明为标志的科技革命，使电力取代蒸汽机成为新的动力，社会生产力又一次得到迅猛发展。20 世纪中期以后出现的以原子能的利用、电子计算机和空间技术的发展为主要标志，特别是以信息技术、新材料、新能源、生物工程、海洋工程等高科技的出现为主要标志的科技革命，使人类进入了互联网、智能化、数字化的时代，推动了由工业经济形态向信息社会或知识经济形态的过渡。每次科技革命，都不同程度地引起了生产方式、生活方式和思维方式的深刻变化和社会的巨大进步。科学技术是社会发展的重要动力，当今世界科学技术突飞猛进，一个国家、一个民族若能在科学技术上不断进取，就有可能实现社会经济的跨越式发展。因此，一个国家的科学技术水平关乎一个国家的综合国力。

在科学技术正日益深刻影响我们生活的今天，一个人的科学素养的高低，绝不是无关紧要的，已经开始影响到一个现代社会中的人的生活质量，同时也在不断影响和改变国民的价值观和对许多问题的看法。未来各级政府的任何与科学技术有关的政策都要在公众理解的基础上才能实现决策的民主化和公开化。随着科学技术的发展，今后需要有效地借鉴科学技术知识才能得以解决的公共政策问题越来越多，科学技术决策的民主化进程与公众科学素养水平提高的进度具有密切的相关性。对科学方法的了解关乎人的综合素质。卡尔·萨根说过："科学方法似乎毫无趣味、很难理解，但是它比科学上的发现要重要得多。"国际科普理论学者认为，科学方法是科学素养中最重要的内容。公众理解科学，最重要的就是要理解科学方法并应用这些科学方法解决自己生活和工作中的各种问题。在现实生活中，一些人的盲从行为，也与缺乏科学方法有关。

综上所述，科学素养是公民素养的重要组成部分，公民的科学素养反映了一个国家或地区的"软实力"，从根本上制约着自主创新能力的提高和经济、社会的发展。提高公民科学素养，对于增强公民获取和运用科技知识的能力、改善生活质量、实现全面发展，以及提高国家自主创新能力、建设创新型国家、实现经济社会全面协调可持续发展都具有十分重要的意义。

第二节　提高新时代农民的科学精神

一、当前我国公民科学素养的现状

我国公民科学素养的现状可被归纳为以下几个方面：一是总体上公民科学素养水平逐渐提高，但与发达国家相比还有较大差距。二是不同群体表现出明显的群体差异。较低年龄段高于较高年龄段；受教育程度越高，整体水平越高；城市公民高于农村。三是公民科学素养水平的变化显示，科学素养较低的群体的水平有较快提高，特别是受教育水平较低（指受初中教育）和农村公民科学素养整体水平提高的幅度较大，对公民整体科学素养提高影响显著。四是公民对科学研究的过程和方法理解水平较低，公民科学精神比较欠缺，还存在一定数量相信封建迷信的公民。

二、科学精神的含义

科学精神指科学实现其社会文化职能的重要形式，是科学文化的主要内容之一。包括自然科学发展所形成的优良传统、认知方式、行为规范和价值取向。集中表现在：主张科学认识来源于实践，实践是检验科学认识真理性的标准和认识发展的动力；重视以定性分析和定量分析作为科学认识的一种方法；倡导科学无国界，科学是不断发展的开放体系，不承认终极真理；主张科学的自由探索，在真理面前一律平等，对不同意见采取宽容态度，不迷信权威；提倡怀疑、批判、不断创新进取的精神。

科学的整体架构主要由科学知识、科学思想、科学方法和科学精神构成。无论是科学知识和科学方法的发展，还是科学理论和科学思想的发展，都离不开科学精神。科学精神在整个科学架构中居于统帅和核心地位，是科学的灵魂。科学精神的内涵大致包括以下几个方面。第一，实证求真精神。科学精神强调实践是检验真理的唯一标准，科学概念和科学理论必须是可证实和可证伪的。所有的研究、陈述、见解和论断，不仅都需要进行实验验证或逻辑论证，还都需要经受社会实践和历史的检验。第二，理性求知精神。科学精神主张世界的客观性和可理解性，认为世界是可知的，可以通过科学实验和逻辑推理等理性方法来认知和描述；坚持用物质世界自身解释物质世界，反对任何超自然的存在。第三，质疑批判精神。科学精神鼓励理性质疑和批判。科学不承认有任何亘古不变的教条，即使是那些得到公认的理论也不应成为束缚甚至禁锢思想的教条，而应作为进一步探索研究的起点。理论上的创新往往是建立在对现有理论的怀疑基础上的。这一精神要求不唯上、不唯书、只唯实，真理面前人人平等。第四，开拓创新精神。科学精神崇尚开拓创新，既尊重已有认识，更鼓励发现和创造新知识，鼓励知识的创造性应用。创新是科学得以不断发展的精神动力和源泉，是科学精神的本质与核心。

科学精神是公民科学素养的重要组成部分。创新型国家应该是科学精神蔚然成风的国家。科学精神是一个国家繁荣富强、一个民族进步兴盛必不可少的精神。要在全社会广泛弘扬科学精神，加强科学知识的宣传教育，大力加强科普工作，使全社会真正形成讲科学、爱科学、学科学、用科学的良好风尚。因此，在广大农民中普及科学知识、树立科学意识、培养科学精神具有重要的意义。

三、提高新时代农民的科学精神

党的十九大报告中指出，弘扬科学精神，普及科学知识，开展移风易俗、弘扬时代新风行动，抵制腐朽落后文化侵蚀。科学精神是人类文明中最宝贵的精神财富，它是在人类文明进程当中逐步发展形成的。科学精神源于近代科学的求知求真精神和理性与实证传统，随着科学实践的不断发展，其内涵不断丰富。科学精神集中体现为追求真理，崇尚创新，尊重实践，弘扬理性。科学精神倡导不懈追求真理的信念和捍卫真理的勇气。科学精神鼓励发现和创造新的知识，鼓励知识的创造性应用，尊重已有认识，崇尚理性质疑。科学精神的本质特征是倡导追求真理，鼓励创新，崇尚理性质疑，恪守严谨、缜密的方法，坚持平等自由探索的原则，强调科学技术要服务于国家民族和全人类的福祉。在人类发展历史上，科学精神曾经引导人类摆脱愚昧、迷信和教条。在科学技术的物质成就充分彰显的今天，科学精神更具有广泛的社会文化价值。

近些年来，虽然我国农民的科学素养有了很大程度的提高，但科学精神缺失的现状仍很严重。广大农村还残存着迷信、愚昧、庸俗的落后文化，也存在一些腐蚀人们精神世界、危害社会主义现代化建设的腐朽文化。在农村，仍有很多人把人的命运寄托在烧香拜佛上，把发家致富寄托在对神的供奉上。即使在经济比较发达的农村，香火之旺、庙堂之多也超乎想象。有人对此形容"有山就有水，有水就有田，有田就有人，有人就有庙"。很多农民对各种封建迷信、伪科学、歪理邪说缺少鉴别能力。在农民的休闲娱乐活动中，有的地方赌博成风，不会打牌、赌博成为一种另类。无论是观看电视节目还是阅读图书、报纸、杂志，很多农民的主要兴趣都没有指向科教领域。在农村，一些农民仍然有读书无用的思想，片面地认为读书不如打工赚钱，从而导致部分学生过早辍学打工。一些农民习惯了直接知识的积累和经验传承，头脑中有一种根深蒂固的小农经济意识，不求进取，采用老模式，不爱接受培训，认为学不学一个样，延续老传统。因此，提高农民的科学素养仅仅靠普及一定的科学知识是不够的，还必须大力弘扬科学精神。

随着中国特色社会主义进入新时代，对科学知识、科学精神、科学思想和科学方法的多样化、全方位、高层次需求已成为人民日益增长的美好生活需要的重要组成部分。科技是国家强盛之基，创新是民族进步之魂。在 2016 年召开的"科技三会"上，习近平总书记强调，科技创新、科学普及是实现创新发展的两翼，要把科学普及放在与科技创新同等重要的位置。没有全民科学素质普遍提高，就难以建立起宏大的高素质创新大军，难以实现科技成果快速转化。一方面是眼下公众获取知识的渠道和内容前所未有的丰富；另一方面是许多"伪科学"甚至是"反科学"的信息甚嚣尘上，令人难辨真伪。这就需要科技工作者在新时代履行社会责任和历史使命，传播正确的科学知识，弘扬正能量的科学精神。新时代科技工作者从事科普活动需要有新思维、新方法，既要能确保科普内容的科学性、原创性，又要有较强的文学性、艺术性和趣味性；既要重视巩固报刊、电视、广播等传统科普阵地，又要注重与新媒体结合，满足不同群众的互动性和体验感。目前，科普的形式已经不拘于过去常见的报刊或图书，需要科技工作者利用微信、微博、人工智能等现代手段，针对科普对象的特点开展更有成效的科学传播。在信息化时代，要充分发挥互联网的作用，营造人人崇尚科学反对愚昧无知的良好舆论环境，对民众进行科学知识普及。要有针对性、目的性地深入开展科学知识活动。对于青少年，通过提升科技教育的质量、开展科技活动等方式培养他们崇尚科学的思想、激发他们的科技兴趣。可以通过开展各种科普活动、举办各种科学知识展览来全方位提升群众参与兴趣，实现群众从被动接受到主动参与活动的转变。

第三节 培育农民科学素养的策略

提高农民科学素养是推进新农村建设的需要；是统筹城乡协调发展的内在要求；是实现农村可持续发展的智力保障；是解决"三农"问题的根本途径；是推进乡村振兴的重要举措。农业发达、农民富裕、农村繁荣，根本取决于农业生产力的提高。当今高科技时代，科学技术是第一生产力，只有将新兴科学技术全面引进农业，我国农业、农村才能走向现代化。因此，我国乡村振兴离不开农民科学素养的提高。

一、通过基础教育加强科学教育

目前，农村教育基础仍然很薄弱，实行单一的升学教育模式。专业技术教育和农业职业技术教育严重缺乏，科普知识还没真正进入学堂。而且，农村总体经济状况较差，科技文化素质较高的师资队伍紧缺。加强科学知识的普及要从小学抓起，改善农村办学条件，需要县、乡政府进一步加大投入，加快普及农村九年义务教育，提高农村教学水平。针对目前农村教育中存在的现实问题，改善农村基础教育现状，切实提高农民的文化水平，进而才能提高农民的科学素养。

农村基础教育是我国基础教育体系的重要组成部分，教育面广量大，在提高国民素质、增强综合国力上始终处于十分重要的地位，在促进当地经济、社会发展，全面建设小康社会中具有基础性、全面性的作用。改革开放40多年来，我国农村基础教育在普及义务教育、增加教育投入、改革办学模式等方面取得了令人瞩目的成就。然而，随着我国"地方负责、分级管理、以县为主"的基础教育管理体制的确立以及农村税费改革的实施，我国的农村基础教育的整体性薄弱状况还没有从根本上得到扭转，在教育观念、办学方向、教育经费、保学控流、师资队伍、教学内容等方面仍然存在着不容忽视的问题。我们必须正视这些问题，寻求破解策略，以确保农村教育持续健康发展。

农村基础教育必须坚持基础性、先导性和服务性。基础性就是要为新农村建设者打下坚实的知识和技能基础，为他们在新农村建设中大有作为创造条件；先导性就是要让农家子弟在农村中小学受到先进的思想、理念教育，从小就能确立起创新、超越、争先的意识；服务性就是要求农村基础教育必须有意识地为新农村建设提供服务，从课程教学内容的选择、各项活动的设计与开展、农村生产生活的实践教学组织与实施，都体现这一服务性宗旨。农村基础教育的发展是新农村建设的奠基工程，积极投身于社会主义新农村建设是基础教育义不容辞的重要职责，只有办好基础教育，社会主义新农村建设才会有持续发展的动力。农村基础教育要围绕"产业兴旺、生态宜居、乡风文明、治理有效、生活富裕"的总要求，积极探索服务社会主义新农村的新模式。农村基础教育要比过去有新的改进和内涵，更扎实、更有实效，对提高农民科学素养的确有帮助，这才是求真务实的新农村基础教育。

基础教育与乡村振兴之间是唇齿相依、互相促进、互利互惠的关系。推进乡村振兴，培养与其相适应的农村基础教育，不能只追求外表和形式的新，更不能搞花架子，而是通过改进农村基础教育，使现实中的农民和未来的新型农民具有更高素养，具有新知识、新技术、会经营管理。一方面，基础教育为乡村振兴输送合格人才；另一方面，乡村振兴的过程也是增加基础教育人、财、物方面投入，促进基础教育持续协调发展的过程。

当前，农村基础教育应抓住乡村振兴这个难得的机遇乘势而上，推进基础教育的均衡发展。一是办好寄宿制学校，整合教育资源；二是实施现代远程教育工程，实现优质资源共享；三要加大对校长、教师的培训力度，更新教育理念；四是促进校长、教师的合理流动，带动薄弱学校的发展；五要全面落实农村义务教育经费保障机制，提高"两免一补"的兑现率。

二、加强农村科普，改变传统科普方式

从科学社会学的角度看，科学普及是一种广泛的社会现象，必然有其自身的生长点。科学普及的生长点就在自然与人、科学与社会的交叉点上。也就是说，自然科学与人类社会的相互作用生成了科学普

及，科技与社会又作为科学普及的土壤，哺育着它的生长。而科技进步和社会发展，则为科学普及不断提供新的生长点，使科普工作具有鲜活的生命力和浓厚的社会性、时代性。形象地说，科学普及是以时代为背景，以社会为舞台，以人为主角，以科技为内容，面向广大公众的一台现代文明戏，在这个舞台上是没有传统保留节目的。从本质上说，科学普及是一种社会教育。作为社会教育，它既不同于学校教育，也不同于职业教育，其基本特点是社会性和持续性。

科学普及的特点表明，科普工作必须运用社会化、群众化和经常化的科普方式，充分利用现代社会的多种流通渠道和信息传播媒体，不失时机地广泛渗透到各种社会活动之中，才能形成规模宏大、富有生机、社会化的大科普。现代科学技术是一个极其庞大而复杂的立体结构体系，具有丰富的内涵和多种社会职能。在科普工作中，不可忽视科技知识内在的科学思想、科学方法和科学精神。在知识信息含有的四个不同层次（数据、信息、知识和智能）中，占据最高层次的智能才是构成人们科学文化素质的最具活性的重要素质。而这对身处不同岗位的各级领导干部和科技工作管理者来说尤为重要。

加强农村科普，应改变传统科普方式。一是要大力推进广播电视进村入户，增加科普栏目播放时间。使农民通过广播、电视学习农业技术，了解市场信息，丰富文化生活，了解党的路线、方针、政策。二是要健全和完善县、乡镇科学技术推广普及网络。充分利用农村党员远程网络平台，加快信息资源共享。加强农村基层服务点建设，使农民享受城市居民同等信息水平。三是要大力推动农村科普出版物发行，增加农民买得起、读得懂、用得上的通俗读物的品种和数量，长期开放农民书屋，掀起学科学的热潮。四是要加强农村科普活动场所和科普阵地建设，在农村建设一批较高水平的科普教育基地和科普实验基地，尤其是要在农村加强科普活动站、科普宣传栏、科普宣传员的建设，增加科普设施投入，促进科普工作群众化、社会化、经常化。

三、加强农村科普队伍建设，实施科普人才建设工程

农村科普队伍建设是农村科普工作中的重要内容之一，它的整体

素质直接影响到农村科普的内容、形式以及农村科普网络体系的建设。农村科普队伍建设应以农为本，培养农村科普工作者的工作热情，让他们体会到科普工作的价值和意义，从而能够与农民互相沟通、互相了解。在农村科普工作中，尤其要选好、配强乡镇科协干部，由乡镇科协牵头，担负起对本辖区农民的科普责任。相关部门要大力支持、选拔科普专业技术人员到乡、镇开展培训、咨询、指导等工作，真正发挥科普人员在农村科普工作中的作用。

第一，重视科普教育基地专职人才培养。科普教育基地分布在高校、企业、社区等，实现人才的横向流动似乎不是一个可行的办法，但可以模仿干部交流的形式，采取"走出去、请进来"的方式，在特定空间和时间内促成各类科普教育基地工作人员的短期交流学习，形成各类型科普教育基地百花齐放、百家争鸣的蓬勃发展局面。

第二，发展农村科普人才队伍。可采取"校企所协深度融合"模式培养农村科普人才，"校"主要指涉农高等院校，"企"指涉农行业的企业，"所"指农业科研机构，"协"指行业协会、学会，如农经学会、园林学会、花卉协会、禽业协会等。政府有关部门要建立政府主导，"校企所协"共同参与的科普人才队伍协同培养、协调指导工作机制，推动产学研、农科教紧密结合，提升农村科普人才服务"三农"的能力。

第三，重视科普志愿者队伍建设。科普志愿者队伍是一支不可忽视的公众科普教育力量，要建立健全志愿者招募和退出机制，扩大志愿者招募渠道，建立激励机制；要培养科普志愿者队伍中的领军人物和带头人，增强志愿者之间的凝聚力；要建立科普志愿服务品牌，确立统一的志愿者；要扩展科普活动形式，除举办科普讲座和培训外，还可到田间地头和企业提供科技咨询服务、到政府部门提供专业咨询服务、到科技场馆提供指导服务等。

第四，解决基层科普工作者的培养与培训短板问题。针对科普人才的发展现状，要着力解决基层实用科普人才培养、培训的短板问题，加大资金投入力度，加强基层实用骨干科普人才培养和培训基地建设，通过举办多层次、多类型的培训班，培养科普骨干人才。

第五，发挥高校科普工作的带头作用。科学研究和社会服务是高校的两大职能，地方高校具有丰富的科研成果资源，有成熟的科研管理办法，也有一支较为稳定的科研队伍，要立足地方经济和社会发展，培养科普人才队伍。一是吸纳具有一定科研能力的中青年教师加入科普人才队伍，负责科普人才的培养、培训及科普活动开展工作；二是发挥科研骨干教师的传帮带作用，在做科研的时候有意识地帮带没有科研能力和经验的年轻教师，扩大具有科研能力的人群范围；三是加强与社会各级科协之间的联系，了解国家关于科普工作的新政策、新规定，获取政策支持、项目支持和资金支持，利用巧劲开展学校科普工作，提高科普工作的能力和成效。

四、大力提升农民科学素养

目前，农村科普工作总体上还比较薄弱，无法从根本上满足广大农民接受科普教育、提高自身素质的迫切需求。要逐步改变这种状况，就要广泛吸纳、整合社会资源，统筹协调各方面关系，形成城市支持农村、部门支持乡镇的合力。提升农民科学素养，推进城乡协调发展，涉及各行各业各个部门。在对农民科普时，要以产业结构调整为农村科普工作的着力点，真正使农村科普工作以市场为导向，以农民为对象，以促进农村经济社会发展和农民科学文化素质提高为目的，在整体上提升农村科普工作的水平和质量。

提升农民的科学素养水平，必须强化农民运用科技的能力，重视农业技术的推广。创建农业科技核心样板村，树立农民运用农业科技的典型。转变传统农业思想，提升农民农业科技素养意识。农技人员要深入田间地头，向农户进行现场示范演示，农作物分阶段进行各种病虫害防治，对农产品质量安全问题进行讲解。加快培育新型农业经营主体和新型职业农民，着力提高农民综合素质，提升农民农业科技素养水平。要进一步调整农村产业结构，开展种植、养殖技术基础研究，引导农民科学种植，扩大种植规模，组建专业合作社，创建农产品品牌，提高农民农业科技素养水平，加快农村脱贫致富的步伐，顺利推进乡村振兴。

第八章　新时代农民的信息素养培养

第一节　信息和信息素养的内涵

一、信息

什么是信息？"信息"一词在英文、法文、德文、西班牙中均是"information"，我国古代用的是"消息"。作为科学术语最早出现在哈特莱于1928年撰写的《信息传输》一文中。20世纪40年代，信息的奠基人香农给出了信息的明确定义，此后许多研究者从各自的研究领域出发，给出了不同的定义。具有代表意义的表述如下。信息奠基人香农认为"信息是用来消除随机不确定性的东西"，这一定义被人们看作是经典性定义并加以引用。控制论创始人维纳认为"信息是人们在适应外部世界，并使这种适应反作用于外部世界的过程中，同外部世界进行互相交换的内容和名称"，它也作为经典性定义被加以引用。经济管理学家认为"信息是提供决策的有效数据"。美国著名物理化学家吉布斯创立了向量分析并将其引入数学物理中，使事件的不确定性和偶然性研究找到了一个全新的角度，从而使人类在科学把握信息的意义上迈出了第一步。他认为"熵"是一个关于物理系统信息不足的量度。电子学家、计算机科学家认为"信息是电子线路中传输的以信号作为载体的内容"。我国著名的信息学专家钟一信教授认为"信息是事物存在方式或运动状态，以这种方式或状态直接或间接的表述"。美国信息管理专家霍顿给信息下定义，"信息是为了满足用户决策的需要而经过加工处理的数据。"简单地说，信息是经过加工的数据，或者说，信息是数据处理的结果。

根据对信息的研究成果，科学的信息概念可以概括如下：信息是对客观世界中各种事物的运动状态和变化的反映，是客观事物之间相互联系和相互作用的表征,表现的是客观事物运动状态和变化的实质内容。

二、信息素养概念的由来

信息素养概念的酝酿始于美国图书检索技能的演变。1974 年,美国信息产业协会主席保罗·泽考斯基率先提出了信息素养这一全新概念,并解释为利用大量的信息工具及主要信息源使问题得到解答的技能。信息素养概念一经提出,便得到了广泛传播和使用。世界各国的研究机构纷纷围绕如何提高信息素养展开了广泛的探索和深入的研究,对信息素养概念的界定、内涵和评价标准等提出了一系列新的见解。一个具有信息素养的人,他能够认识到精确的和完整的信息是做出合理决策的基础,确定对信息的需求,形成基于信息需求的问题,确定潜在的信息源,制定成功的检索方案,从包括基于计算机和其他信息源获取信息、评价信息、组织信息于实际的应用,将新信息与原有的知识体系进行融合以及在批判性思考和问题解决的过程中使用信息。

三、信息素养的内涵

信息素养更确切的名称应该是信息文化。信息素养是一种基本能力。信息素养是一种对信息社会的适应能力,包括基本学习技能(指读、写、算)、信息素养、创新思维能力、人际交往与合作精神、实践能力。信息素养是其中一个方面,它涉及信息的意识、信息的能力和信息的应用。

信息素养是一种综合能力。信息素养涉及各方面的知识,是一个特殊的、涵盖面很宽的能力,它包含人文的、技术的、经济的、法律的诸多因素,和许多学科有着紧密的联系。信息技术支持信息素养,通晓信息技术强调对技术的理解、认识和使用技能。而信息素养的重点是内容、传播、分析,包括信息检索以及评价,涉及更宽的方面。它是一种了解、搜集、评估和利用信息的知识结构,既需要通过熟练的信息技术,也需要通过完善的调查方法、通过鉴别和推理来完成。信息素养是一种信息能力,信息技术是它的一种工具。

信息素养包括关于信息和信息技术的基本知识和基本技能，运用信息技术进行学习、合作、交流和解决问题的能力，以及信息的意识和社会伦理道德问题。具体而言，信息素养应包含以下五个方面的内容。第一，热爱生活，有获取新信息的意愿，能够主动地从生活实践中不断地查找、探究新信息。第二，具有基本的科学和文化常识，能够较为自如地对获得的信息进行辨别和分析，正确地加以评估。第三，可灵活地支配信息，较好地掌握选择信息、拒绝信息的技能。第四，能够有效地利用信息，表达个人的思想和观念，并乐意与他人分享不同的见解或资讯。第五，无论面对何种情境，能够充满自信地运用各类信息解决问题，有较强的创新和进取精神。

美国提出的"信息素养"概念则包括三个层面：文化层面（知识方面）、信息意识（意识方面）、信息技能（技术方面）。经过一段时期之后，正式定义为"要成为一个有信息素养的人，他必须能够确定何时需要信息，并已具有检索、评价和有效使用所需信息的能力"。一个有信息素养的人，他能够认识到精确和完整的信息是做出合理决策的基础；能够确定信息需求，形成基于信息需求的问题，确定潜在的信息源，制订成功的检索方案，以包括基于计算机的和其他的信息源获取信息，评价信息、组织信息用于实际的应用，将新信息与原有的知识体系进行融合，以及在批判思考和问题解决的过程中使用信息。

四、信息素养的特征和标准

信息技术的发展已使经济非物质化，世界经济正转向信息化非物质化时代，正加速向信息化迈进，人类已自然进入信息时代。21世纪是高科技时代、航天时代、基因生物工程时代、纳米时代、经济全球化时代等，但不管怎么称呼，21世纪的一切事业、工程都离不开信息。从这个意义来说，称21世纪是信息时代更为确切。在信息社会中，物质世界正在隐退到信息世界的背后，各类信息组成人类的基本生存环境，影响着芸芸众生的日常生活方式，因而构成了人们日常经验的重要组成部分。虽然信息素养在不同层次的人们身上体现的侧重面不一样，但概括起来，它主要具有五大特征：捕捉信息的敏锐性；

筛选信息的果断性；评估信息的准确性；交流信息的自如性；应用信息的独创性。

1998年，美国图书馆协会和教育传播协会制定了学生学习的九大信息素养标准，概括了信息素养的具体内容。标准一，具有信息素养的学生能够有效地和高效地获取信息。标准二，具有信息素养的学生能够熟练地和批判地评价信息。标准三，具有信息素养的学生能够精确地、创造性地使用信息。标准四，作为一个独立学习者的学生具有信息素养，并能探求与个人兴趣有关的信息。标准五，作为一个独立学习者的学生具有信息素养，并能欣赏作品和其他对信息进行创造性表达的内容。标准六，作为一个独立学习者的学生具有信息素养，并能力争在信息查询和知识创新中做得最好。标准七，对学习社区和社会有积极贡献的学生具有信息素养，并能认识信息对民主化社会的重要性。标准八，对学习社区和社会有积极贡献的学生具有信息素养，并能实行与信息和信息技术相关的符合伦理道德的行为。标准九，对学习社区和社会有积极贡献的学生具有信息素养，并能积极参与小组的活动探求和创建信息。

第二节　当前我国农民信息素养存在的主要问题

一、信息素养培训不足，信息能力有待提高

信息能力指理解、获取、利用信息能力及利用信息技术的能力。理解信息即对信息进行分析、评价和决策。具体来说就是分析信息内容和信息来源，鉴别信息质量和评价信息价值，决策信息取舍以及分析信息成本的能力。获取信息就是通过各种途径和方法搜集、查找、提取、记录和存储信息的能力。利用信息即有目的地将信息用于解决实际问题或用于学习和科学研究之中，通过已知信息挖掘信息的潜在价值和意义并综合运用，以创造新知识的能力。利用信息技术即利用计算机网络以及多媒体等工具搜集信息、处理信息、传递信息、发布信息和表达信息的能力。在互联网时代，各种信息资源铺天盖地、信息内容良莠不齐，而信息对人们的日常生活、学习工作的重要性愈发

凸显。高效、充分地利用信息是互联网时代中的每个人都应该具备的能力。因此，衡量农民是否具有强的信息能力，具有十分重要的现实意义。随着乡村振兴的推进，农村的经济得到了很大的发展，信息化基础设施也得到了很大的改善，绝大多数农民都拥有了手机，部分农民家庭也配置了电脑。但很多农民在使用手机和电脑时更多的是娱乐，利用网络获取信息、发布信息的很少。部分农民虽然掌握了一些常用软件工具（如网页浏览器、QQ、微信等）的使用方法，但主要也是用于娱乐、聊天，利用这些工具进行自主学习、自我提高的不多。有的农民没有或很少接受过系统的信息技能培训，信息的沟通方式还是以口口相传为主，缺乏信息时效性的认识，缺乏市场经济意识及自主创业的精神，创新意识还不是很强。在一些农村，信息化培训还很不足，没有建立起农民信息化培训的体制和机制。培训没有长效性、针对性、系统性，没有形成规模化的有意识行为。

二、有信息需求，但信息意识还不强

信息意识指客观存在的信息和信息活动在人们头脑中的能动反映，表现为人们对所关心的事或物的信息敏感力、观察力和分析判断能力及对信息的创新能力。它是意识的一种，为人类所特有。信息意识是人们产生信息需求，形成信息动机，进而自觉寻求信息、利用信息、形成信息兴趣的动力和源泉。信息意识是人对信息敏锐的感受力、判断能力和洞察力。信息意识，即人的信息敏感程度，是人们对自然界和社会的各种现象、行为、理论观点等从信息的角度理解、感受和评价。通俗地讲，就是面对不懂的东西，能积极主动地去寻找答案，并知道到哪里、用什么方法去寻求答案，这就是信息意识。因此，农民的信息意识，作为农民信息素养的重要组成部分，影响着农民在生产生活中如何有效利用政策法规、科技、市场、农村金融等农业信息的行为。

从我国农村整体来看，在沿海和农产品出口较多的经济发达地区，农民的信息意识较强，能够从多种渠道获取一些重要的信息。而在经济欠发达地区，生活环境相对闭塞，接触外界环境的机会较少，获取信息不畅，对网络信息持怀疑和不信任态度，认识不到信息的巨大作用，缺乏应有的信息意识，信息只能通过别人的成功案例来认识，缺乏应有的信息反应能力。当前，越来越多的农民开始意识到信息的重要性，也产生了较强的信息需求。但在信息的获取上，还过于依赖传统方式，电视和熟人介绍依然是农民获取信息的重要途径。一方面，电视传播的单向性形成了农民获取信息的被动性；另一方面，遇到问题时，农民寻求问题解决的途径往往是熟人社会的亲缘关系，利用现代信息手段获取信息的意识还比较薄弱。再者，目前涉农信息服务中内容雷同的过多，针对性不强。与农民生活息息相关的信息量十分有限，很多农民需要的服务在涉农网站上找不到，导致农民对网络失去了兴趣，并不能切身感受到网络给他们带来的实际利益，以至于有的人对信息越来越冷淡。

三、信息道德水平尚有待提高

信息道德指在信息领域中用以规范人们相互关系的思想观念与行为准则，是在信息的采集、加工、存贮、传播和利用等信息活动各个环节中，用来规范其间产生的各种社会关系的道德意识、道德规范和道德行为的总和。它通过社会舆论、传统习俗等，使人们形成一定的信念、价值观和习惯，从而使人们自觉地通过自己的判断规范自己的信息行为。信息道德是在传统道德的基础之上，在信息社会中不断演进而来的，是伦理道德的重要内容，约束着人们在信息社会的各种信息行为。农民在日常生活、生产经营中要了解基本信息道德的内涵，并遵循信息道德的基本行为规范。随着智能手机、平板电脑的普及，微信、微博、QQ 等社交软件被越来越多的人接受和使用，信息发布越来越便捷，对信息道德的要求也不断提高。农民在如何甄别有效信息、自觉抵御不良信息、不听谣传谣、不侵犯个人隐私等方面的素养仍有待提高。因此，应该有针对性地宣传、引导、教育，提升农民的信息过滤能力，提高农民的信息道德水平。

第三节　提升农民信息素养的对策

信息素养的教育注重知识的创新，而知识的更新是通过对信息的加工得以实现的。因此，把纷杂无序的信息转化成有序的知识，是教育适应现代化社会发展需求的当务之急，是培育信息素养首要解决的问题，即文化素养（知识层面）与信息意识（意识层面）的关系问题。

一、信息素养培育首要解决的问题

信息与知识结构的关系大体上有三种情况：知识结构能解释、说明的信息；与知识结构毫无关系的信息；知识结构不能解释或相矛盾的信息。对于第一种情况，这种信息对感官的刺激通过神经传到大脑。大脑便处于某种程度的兴奋状态，产生"共振"，信息因此在大脑中留下痕迹，即存储（记忆）下来。在一般情况下，人们很容易获得知识结构能解释、说明的信息。对于第二种情况，这种信息与知识结构毫无关系，人们不能理解其含义，因而不会在大脑皮层中留下痕迹，不能被吸收，大脑处于一种抑制状态。第三种情况相对复杂一些，因为不同的人面对这种信息有不同的态度。有科学头脑的人，面对这种与知识结构相矛盾或不能解释的信息会发出疑问："这是为什么？"从而激发起好奇心和求知欲，进而去探索、去试验、去求知、去寻找原因。为此，要付出艰巨的劳动，经受住失败和挫折的考验。同时，也激发出了超常的智慧和高涨的热情。最后找到了答案，也获得了新的知识，知识结构也随之发生了变化。所以，具有科学头脑的人对这类信息是热情的、欢迎的，他们将其作为求知的新起点和科学研究的突破口。缺乏科学头脑的人往往凭借原有的思维定式，对这类信息是不理睬、不欢迎的，甚至还会敌视或诋毁，以此来维护原有知识结构的稳定性。

由上述三种情况可知，教育人们等待信息的输入，即依靠灌输获得知识的传统教育方式已无法满足信息社会中人们对知识的渴望与更新。而教育人们高高地竖起接收信息的"天线"，在全新的认知方法论的指导下，不断拓宽自身的知识结构，以培训信息素养为宗旨的教育方式才是社会发展的必然趋势。这也进一步说明了素质教育是社会发展的产物。时代的推进对教育提出了新的要求，教育已经不再仅仅是为学生建立扎实的知识基础，而是要全面培养学生的素质，于是素质教育便成了教育界最响亮的口号之一。21 世纪人才的综合素质很重要的一个部分就是面对突发事件或全新领域的信息保持冷静，作出及时、准确的判断并快速、妥当处理，即对信息的归纳概括并分析判断的能力。目前，我们的各级各类教育都在大力加强对信息技能的培育。其目的就是使人们通过对这些技能的掌握，更好地适应信息化社会所应具有的知识结构及批判性的思维，不断地提高自身的信息素养。需要指出的是，对计算机技能以及信息技能的教育，不仅仅是一种纯粹地对技能的教育，而是一种新的教育模式的重建，是通过对信息技能（技术层面）的教育，不断提高人们文化素养（知识层面）与信息意识（意识层面）的水平，即通过对信息技能的教育，提高人的信息素养。

二、培育农民信息素养的路径

信息素养是信息社会中人的整体素养的一部分。信息素养的教育关系到人们如何立足于信息化社会这一基本点。它不是所谓的超前教育观，而是教育界必须面对的现实问题。只有加强信息素养的教育，教育的职能才会充分发挥作用。反之，对信息社会的发展视而不见，仍延用旧的教育方式，其结果只能是在减少认知文盲的同时，增加新知识的文盲。农民信息素养培养策略主要有以下几个方面。

（一）推进农村信息化服务平台建设

在农村信息化建设中，许多地区的信息化平台基础设施建成后，仍然存在农民不会使用甚至不愿意使用的现象。一方面是由于"知识沟"的存在，一些农民文化知识水平有限，且信息化意识不强，对新技术主动学习的积极性不高，以致对信息平台的操作掌握起来很有难度；另一方面则是受经济水平的限制，农民不愿意在报纸、杂志以及互联网等方面投入较多，且地域的差异性又限制了农民可供选择的媒介种类。种种原因导致农民媒介素养不高，在信息的获取、辨别以及使用上能力较差。除信息获取方面存在问题外，农民的信息反馈意识同样缺乏，信息互动性低。例如，农民在生产过程中遇到困难时，往往习惯于向熟人、邻居、村委会和信息服务中介求助，真正选择信息专业户、经纪人和农村信息服务站的农民很少。由于受到反馈渠道、资金以及传统观念等因素的影响，农民对报纸、广播、电视媒介和政府服务部门的信息反馈较弱。这不仅会造成有效信息的浪费，也不利于政府部门根据农村实际情况进行科学合理的决策，进一步限制了媒介对农村有用信息的传播。

在农村信息化建设中，首先，要多用浅显易懂的材料提高对农村信息化的宣传力度，多建设一些信息化示范工程。要多吸收国内外先进的经验，这对实际工作有事半功倍的效果。美国传播学者施拉姆曾提出了一个公式，即"选择的或然率=报偿的保证/费力的程度"。其中，"报偿的保证"指传播内容满足选择者需要的程度，而"费力的程度"则指的是内容与使用传播途径的难易状况。根据传播学上的"使用与满足"理论，在同等条件下，人们往往倾向于选择最方便且最能迅速满足其需要的途径。因此，要切实提高信息操作平台的便捷性，满足农民使用的需要。例如，在农业网站建设上，要通过版面布局、栏目导航的人性化设置来满足农民的使用习惯，开发适合不同文化层次的农民使用的信息操作模式，比如在线音频视频模式等灵活的信息获取方式等。其次，要充分发挥报纸、广播、电视、互联网、手机等媒体的联动作用，拓宽农民获取信息的渠道。由于全国各地情况有异，在信息资源建设中，要从农业、农村和农民对信息需求多样化的实际出发，根据各地的实际情况，因地制宜，突出地域特色。同时，要兼顾信息的全面性、实时性，多渠道、多层次、多形式地广泛搜集、筛选、整合并发布农业信息，去粗取精，去伪存真，以确保信息平台发布信息的实用性、时效性与科学性。

农民作为现代农村生产建设的主体，是农村各项产业最直接的生产者与销售者，同时也是市场变化最直接的影响群体。然而，作为农村信息平台建设中信息的接受者与使用者，农民普遍存在着市场意识薄弱、信息意识不强、媒介利用率低以及缺乏信息反馈意识等问题。这是近年来屡次出现"菜贱伤农""瓜贱伤农"等农产品销售难问题的主要原因，也是影响农村信息化平台建设深化发展的重要因素之一。所以，加强宣传教育，引导农民转变传统观念迫在眉睫。要将信息化知识的普及所带来的效益告知农民，增强其对信息的兴趣，让使用信息成为农民的习惯。如此,农村会逐渐形成乐于使用、乐于维护、乐于投资信息化设备的局面,并最终实现农村信息化建设的可持续发展。鉴于农民对大众传播媒介的使用仍旧习惯于娱乐、消遣,可在农村举办各种"三农"文化活动来进行媒介信息宣传。例如,在农闲时可以把农民组织起来,统一阅读,集体讨论,加强交流,建立有效的信息沟通渠道。此外,举办这些乡村文化活动,可以让农民通过媒介获得的知识有展示的机会,增强学习信心,提高对媒介的理解能力,让农民对于媒介带来的益处有种"纸上得来终觉浅,绝知此事要躬行"的认识。

(二)整合各类农民教育培训资源,多渠道培育农民的信息素养

整合利用农业广播学校、农业科研院所、涉农院校、农业龙头企业等各类资源,加快构建高素质农民教育培训体系。加强对农村劳动力的职业技能培训,积极开拓劳务市场,大力培育和发展劳务中介组织,促进农村剩余劳动力的有效转移,提高劳务输出的质量和效益。农业院校图书馆的馆藏重点在农业方面,而图书馆馆员在文献信息的搜索及信息的深层次处理方面有许多宝贵的经验,把这两种资源结合在一起对农民进行帮助必然会实现资源的最优组合,从而提高农民的信息捕捉能力。

针对乡村振兴的需要,调整专业人才培养结构,重点培养一批能适应国际市场、把握市场信息和能运用现代化管理技术的农村经营决策人才,培养一批有信息技术实际操作能力的基层工作人员。同时,现代信息技术作为农业信息化建设的必备基础,现代信息技术课程应被列入农村成人教育各专业的教学计划,使农民尽快掌握运用现代信息技术的基本知识和技能,培养出多层次的农村信息应用人才。

(三)促进农民思维方式的转变,激发农民的信息需求

在大数据广泛应用的新时代,农业生产信息的规模性和复杂程度受社会数据量的印象呈指数级增长,传统农业思维模式将会变得相对狭隘,因此新时代农民个人应该摆脱以往陈旧的观念,从大数据应用技术的角度出发树立全局意识来重新审视农业生产工作,以技术力量代替人力资源,提升自身信息素养,利用农业大数据平台等信息工具获取有效

信息，提高农业生产的智能化、精准化。但目前农村教育相对落后，农民普遍文化水平和综合素质都不高，学习新技术新思维都有很大困难，因此，要加快促进农民思维方式的转变，提升农民信息意识。这需要不断加强大数据平台等信息化手段的正面宣传，推广信息平台的应用、利用村级信息站点发挥示范带头作用，开展信息素养教育培训，提高农民的信息学习动力和自主创新能力，增强农民的信息需求意愿。

信息需求是农民提升信息素养的最大内在动力，但信息需求不会凭空产生，市场经济下，农民的信息需求往往跟收入相关。信息经济学家阿罗曾说："获取信息本身就是一项深思熟虑的决策。"在互联网经济时代，培育并迅速壮大用户群，进而让用户产生信息依赖是很多互联网企业的成功之道，提升农民的信息素养在很大程度上需要将农民培育成信息服务的用户，信息需求自会随之上升。如何培育农民用户、激发农民的信息需求，最重要的就是要努力做到信息服务和农民增收密切相关，形成信息服务与农民收入增长的正反馈。信息意识越强、信息应用水平越高的农民，其开拓农产品市场的能力应该也越强，收入也越高。只有这样，这种良性循环才能逐渐形成，农民信息素养水平才会提高。

（四）加大对农村基础信息设施建设投入力度，提高农民信息获取能力

提升农民信息素养，离不开农村信息基础设施的支撑，我国有很多农村地区的信息化基础设施比较滞后，满足不了农民日益增长的信息需求。相当一部分农村地区基站数量少、网络信号差、网速慢等现象突出。要加大资金投入，完善农村信息基础设施建设，为农民提供获取信息的服务保障。首先，政府管理部门应加强信息服务设施基本建设的投入，建立健全尚未完善的法规、机构、体系以及设备等信息基础设施。其次，建立有效的信息来源，如建立贴近农民的农村信息服务站、村级图书室或网络室等来满足农民的信息获取需求。最后，政府管理部门，特别是贴近农民的村委会，应多组织农民进行提高信息获取能力的培训，上级部门应给予经费上的保障，在基层落实国家涉农政策，逐步提高农民的信息获取能力。

参考文献

陈小观，2014. 温州耕读文化的发展、传承与保护研究［D］. 舟山：浙江海洋学院.

党庆云，2021. 新生代农民工职业培训意愿的影响因素研究［D］. 南昌：江西科技师范大学.

富兰克林·H·金，2016. 四千年农夫［M］. 程存旺，石嫣，译. 北京：东方出版社.

李海峰，2020. 乡村振兴视角下农民思想政治教育的研究［D］. 南昌：江西农业大学.

李忠红，王贺，2019. 思想政治教育探究［M］. 北京：社会科学文献出版社.

梁胜男，2021. 乡村振兴背景下的县域职业培训困境与路径研究［D］. 南昌：江西科技师范大学.

马旭洋，2021. 传统乡规民约思想政治教育资源的现代价值转化研究［D］. 西安：西安电子科技大学.

闵绪国，2017. 思想政治教育价值研究［M］. 北京：人民出版社.

裴家豪，2023. 乡村振兴背景下农村党员思想政治教育工作研究［D］. 西安：西安工业大学.

秦超，2019. 乡村振兴背景下农民思想政治教育研究［D］. 长春：吉林大学.

汪磊，2016. 新生代农民工职业培训意愿的影响因素研究［D］. 南昌：江西财经大学.

王奕腾，2020. 乡村振兴中的农民思想政治教育研究［D］. 晋中：山西农业大学.

习近平，2017. 习近平谈治国理政［M］. 北京：外文出版社.

习近平，2020. 习近平谈治国理政［M］. 北京：外文出版社.

杨玲艺，2022. 传统儒家义德思想及其新时代育人价值研究

［D］．贵阳：贵州师范大学．

余赟，2020．新时代农村思想政治教育研究［D］．芜湖：安徽工程大学．

岳美华，2023．云南省高素质农民培训成效影响因素研究［D］．昆明：云南农业大学．

中共中央文献研究室，2017．习近平关于社会主义文化建设论述摘编［M］．北京：中央文献出版社．

周小琴，2021．延安时期中国共产党对农民的思想政治教育研究［D］．长春：东北师范大学．